南京水利科学研究院出版基金资助

我国水蚀区不同尺度下土壤侵蚀阻力空间变异及其影响因素

耿 韧 张光辉 ◎ 著

河海大学出版社
HOHAI UNIVERSITY PRESS
·南京·

图书在版编目(CIP)数据

我国水蚀区不同尺度下土壤侵蚀阻力空间变异及其影响因素 / 耿韧,张光辉著. — 南京:河海大学出版社, 2023.8
ISBN 978-7-5630-8301-5

Ⅰ. ①我… Ⅱ. ①耿… ②张… Ⅲ. ①土壤侵蚀-影响因素-研究-中国 Ⅳ. ①S157

中国国家版本馆 CIP 数据核字(2023)第 138212 号

书　　名/我国水蚀区不同尺度下土壤侵蚀阻力空间变异及其影响因素
书　　号/ISBN 978-7-5630-8301-5
责任编辑/曾雪梅
特约校对/孙　婷
封面设计/张育智　吴晨迪
出版发行/河海大学出版社
地　　址/南京市西康路 1 号(邮编:210098)
电　　话/(025)83737852(总编室)　(025)83722833(营销部)
经　　销/江苏省新华发行集团有限公司
排　　版/南京月叶图文制作有限公司
印　　刷/广东虎彩云印刷有限公司
开　　本/787 毫米×1092 毫米　1/16
印　　张/9.375
字　　数/187 千字
版　　次/2023 年 8 月第 1 版　2023 年 8 月第 1 次印刷
定　　价/60.00 元

前　言

在不同的尺度下，土壤理化性质呈现不同的空间变异特征，可能引起土壤侵蚀阻力（包括细沟可蚀性和临界剪切力）具有不同的空间变异特征。细沟可蚀性和临界剪切力是许多土壤侵蚀过程模型（如 WEPP、CREAMS）的重要输入参数，然而，国内外关于不同尺度下土壤侵蚀阻力空间变异的研究较少，因此有必要开展不同尺度下土壤侵蚀阻力空间变异研究，并探讨不同尺度下土壤侵蚀阻力空间变异的影响因素。

本书以纸坊沟小流域、黄土高原和中国东部水蚀区为研究对象。在纸坊沟小流域坡面顶部、坡面上部、坡面中部、坡面下部、切沟沟底和沟谷底部这六种地貌单元上布设 18 个采样点，每个地貌单元 3 个重复，共采集 540 个土样；在黄土高原选择一条长 508 km 的样线，布设 7 个采样点，在每个采样点采集农地、草地和林地三种典型土地利用类型的土样样品，共采集 630 个土样；在东部水蚀区依据土壤类型和土壤质地共布设 36 个采样点，采集 36 个采样点的扰动土，将每个采样点采集的扰动土（代表新耕坡耕地）自然风干后制作了 1 620 个扰动土土样。利用变坡实验水槽，分别研究了小流域、黄土高原和东部水蚀区三个尺度下的土壤侵蚀阻力空间变异及其影响因素。主要结论如下：

（1）在小流域尺度上，地貌单元显著影响细沟可蚀性。从坡上到坡下细沟可蚀性呈逐渐减小的趋势，三种草类（长芒草、早熟禾和华扁穗草）的细沟可蚀性之间存在显著差异。六个地貌单元的临界剪切力无显著差异。细沟可蚀性与土壤质地、黏结力、团聚体和根系质量密度呈显著的相关关系。临界剪切力和黏粒含量呈显著的负相关关系。土壤侵蚀导致的侵蚀泥沙再分布和土壤水分决定了六个地貌单元土壤性质和根系质量密度的空间变异性，其从坡上到坡下的规律性变化特征决定了细沟可蚀性的规律性变化。

（2）在黄土高原尺度上，土地利用类型显著影响样线上细沟可蚀性的空间变异规律。从南到北，农地细沟可蚀性没有规律性的空间变异特征，这是因为农地细沟可蚀性主要受农事活动控制。草地的细沟可蚀性除宜君和鄂尔多斯采样点外，随着年均降雨量的减小呈增加趋势。林地的细沟可蚀性沿样线从南到北呈倒"U"字形变化趋势，延安采样点的细沟可蚀性最大。三种土地利用类型下的土壤临界剪切力没有规律性变化。细沟可蚀性的空间变异与纬度、海拔、年降雨量、年均气温和植被类型区无显著的相关关系，与土壤黏结力、团聚体和根系质量密度存在显著的负相关关系。

（3）在东部水蚀区尺度上，宜丰（红壤）采样点的细沟可蚀性最小，中卫（沙漠风沙土）采样点的细沟可蚀性最大，36 种土壤的细沟可蚀性为强空间变异。西北黄土高原区的细沟可蚀性显著大于其他 5 个土壤侵蚀类型区的细沟可蚀性。就土壤质地而言，砂粒和黏粒含量适中的土壤，其细沟可蚀性最高。土壤临界剪切力呈中度空间变异。36 种土壤类型、6 个土壤侵蚀类型区和 6 种土壤质地的土壤临界剪切力没有规律性。细沟可蚀性与砂粒含量、中值粒径、平均几何粒径和交换性钠百分比呈正相关关系，与粉粒含量、土壤粒径参数、阳离子交换量和土壤有机质呈负相关关系。而土壤临界剪切力与土壤理化性质没有相关关系。

（4）可以用粉粒含量、砂粒含量、平均几何粒径、阳离子交换量和土壤有机质可以很好地模拟扰动土的细沟可蚀性。由于扰动土的土壤临界剪切力与土壤理化性质的相关性较差，因此土壤理化性质无法模拟扰动土的临界剪切力。可以用土壤容重、黏结力、团聚体和根系质量密度较好地模拟原状土的细沟可蚀性，可用粉粒含量和黏结力估算原状土的土壤临界剪切力。

本书的出版得到南京水利科学研究院出版基金、国家自然科学基金项目（41907049、41530858、41271287）、中国科学院"百人计划"择优支持项目"土壤侵蚀水动力学机制研究"、南京水利科学研究院中央级公益性科研院所基本科研业务费专项资金项目（Y922001）和黄河水科学研究联合基金重点项目（U2243211）的资助，在此一并表示感谢。

目　录

第1章　绪论 ········· 1
  1.1　研究背景及意义 ········· 2
  1.2　国内外研究进展 ········· 3
    1.2.1　影响土壤分离能力的因素 ········· 4
    1.2.2　影响土壤侵蚀阻力的因素 ········· 12
    1.2.3　土壤理化性质的空间变异 ········· 20
    1.2.4　土壤侵蚀的空间变异 ········· 22
  1.3　存在的不足 ········· 25

第2章　研究内容与方法 ········· 27
  2.1　研究目标 ········· 28
  2.2　研究内容 ········· 28
  2.3　研究方法 ········· 29
    2.3.1　土壤分离能力测定 ········· 29
    2.3.2　土壤理化性质测定 ········· 31
  2.4　数据分析 ········· 36
  2.5　技术路线图 ········· 36

第3章　小流域尺度土壤侵蚀阻力空间变异 ········· 39
  3.1　实验方法 ········· 40
    3.1.1　研究区概况 ········· 40
    3.1.2　采样点布设 ········· 40
    3.1.3　土样采集 ········· 42
  3.2　土壤分离能力空间变异 ········· 44
    3.2.1　空间变异 ········· 44
    3.2.2　影响因素 ········· 49

3.3	土壤侵蚀阻力空间变异	52
	3.3.1 土壤侵蚀阻力计算	52
	3.3.2 空间变异	56
	3.3.3 影响因素	58
3.4	本章小结	60

第4章 黄土高原尺度土壤侵蚀阻力空间变异 … 61

4.1	实验方法	62
	4.1.1 研究区概况	62
	4.1.2 土样采集与测定	62
4.2	土壤分离能力空间变异	66
	4.2.1 空间变异	66
	4.2.2 影响因素	68
4.3	土壤侵蚀阻力空间变异	71
	4.3.1 土壤侵蚀阻力计算	71
	4.3.2 空间变异	76
	4.3.3 影响因素	78
4.4	本章小结	82

第5章 东部水蚀区尺度土壤侵蚀阻力空间变异 … 83

5.1	实验方法	84
	5.1.1 研究区概况	84
	5.1.2 土样采集	85
	5.1.3 土样测定	91
5.2	土壤分离能力空间变异	91
	5.2.1 空间变异	91
	5.2.2 影响因素	94
5.3	土壤侵蚀阻力空间变异	97
	5.3.1 土壤侵蚀阻力计算	97
	5.3.2 空间变异	103
	5.3.3 影响因素	107
5.4	本章小结	109

第6章 土壤侵蚀阻力模拟 … 111

6.1	扰动土	112

6.2 原状土 113
6.3 本章小结 115

第7章 主要结论和展望 117
7.1 主要结论 118
7.2 研究展望 119

主要参考文献 121

第1章

绪 论

1.1 研究背景及意义

土壤侵蚀是全球面临的主要环境问题之一,全世界每年因土壤侵蚀减少的耕地约为5万多平方千米,造成1 000亿美元的直接经济损失(郭索彦,2010)。我国是世界上土壤侵蚀最为严重的国家之一。我国特殊的地形条件、广泛分布的坡耕地、时空分布不均匀的降水、长期不合理的垦殖,以及近几十年来经济高速发展对土地施加的压力,一系列因素导致土壤侵蚀已成为我国的头号环境问题。据统计,截至2008年我国水土流失面积达356.92万km^2,其中水力侵蚀面积达161.22万km^2。我国每年因土壤侵蚀流失的土壤达50亿t,其中长江流域年侵蚀量达24亿t,黄河流域年侵蚀量达16亿t(刘孝盈 等,2012)。我国每年因水土流失造成耕地面积损失约667 km^2,侵蚀泥沙携带大量的土壤营养元素,造成大面积的耕地退化,占全国总耕地退化面积的34%。严重的土壤侵蚀引起湖泊江河的淤积,如黄土高原侵蚀泥沙使黄河下游河床每年提高8~10 cm,河床高于两岸3~5 m,成为举世闻名的地上悬河,严重威胁黄河下游1亿多人口的生命财产安全。此外,大量营养元素随水土流失进入水体,引起江河湖泊的污染,造成了严重的环境问题。因此,有效地解决土壤侵蚀问题,对于推动我国经济社会协同发展和实现可持续发展具有十分重要的意义。

土壤侵蚀包括土壤分离、泥沙输移和沉积三大过程(张光辉,2001)。土壤分离过程是指在降雨击溅和径流冲刷作用下,土壤颗粒脱离土壤母质,为其后的土壤输移和沉积过程提供物质基础(张光辉 等,2002)。以 WEPP(Water Erosion Prediction Project)为代表的土壤侵蚀过程模型(Nearing et al.,1989),将侵蚀过程依据泥沙来源分为细沟间侵蚀和细沟侵蚀。对于细沟间侵蚀,雨滴击溅土壤引起的土壤分离与坡面薄层水流冲刷土壤造成的土壤分离和泥沙输移为其主要过程,而雨滴打击对土壤分离和泥沙输移的作用可以忽略不计(Zhang et al.,1998)。根据 Foster 和 Meyer(1972)提出的土壤分离速率与径流输沙率的耦合关系假设,细沟土壤分离速率随着径流输沙率的增加而减少。当输沙率为零时(即清水时),土壤分离速率最大,定义为土壤分离能力(Govers et al.,2007;柳玉梅 等,2008)。土壤分离能力可以用以下方程来表示(Foster,1982)：

$$D_c = K_r(\tau - \tau_c)^b \quad (1-1)$$

式中：D_c 为土壤分离能力($kg \cdot m^{-2} \cdot s^{-1}$)；$K_r$ 为细沟可蚀性($s \cdot m^{-1}$)；τ 为水流剪切力(Pa)；τ_c 为土壤临界剪切力(Pa)；b 为方程指数,通常情况下,假定 b 为1。细沟可蚀性和临界剪切力反映了土壤抵抗侵蚀的能力,又被称为土壤侵蚀阻力(Knapen et al.,2007a)。在 CREAMS(Foster et al.,1981)、KYERMO(Hirschi et al.,1988)、PRORILL(Lewis et al.,1994)、WEPP(Foster et al.,1995)、EGEM(Woodward,1999)等土壤侵蚀过程模型中,细沟可蚀性和土壤临界剪切力是重要的输入参数。众多研究表明土壤侵蚀阻力主要受土壤理化性质(土壤质地、黏结力、容重、团聚体、pH、电导率、交换性的钾钠钙镁、游离的氧化铁铝、阳离子交换量、交换性钠百分比、土壤有机质等)、植物根系、土地利用等因素的影响(Bennett et al.,2000；Gilley et al.,1993；Igwe,2005；Sheridan et al.,2000a,2000b)。

尺度问题是地理学和生态学研究的基本问题之一(Gardner et al.,2008；刘世梁 等,2005),影响土壤理化性质的主要因子在不同尺度上存在显著差异(Wang et al.,2001；刘庆 等,2009)。在小尺度上(如坡面),地貌部位影响土壤温度、坡面径流、土壤侵蚀和成土过程,进而造成土壤理化性质的不同(刘庆 等,2009；刘元保 等,1988；王文龙 等,2003a；肖培青 等,2009)。在大尺度上,如区域或国家,成土因素(气候、地质、地貌、生物)、土地利用、农事活动等方面存在的巨大差异,导致土壤理化性质差异巨大(Chang et al.,2014；Liu et al.,2013；Schenk and Jackson,2002)。土壤理化性质在不同尺度上的空间变异,可能会引起土壤侵蚀阻力(细沟可蚀性和临界剪切力)特征的差异。然而,国内外关于不同尺度下土壤侵蚀阻力空间变异的研究尚未见报道,控制不同尺度上土壤侵蚀阻力空间变异的因素也有待探究。

因此,本书选择了黄土高原丘陵沟壑区的典型小流域(小尺度)、黄土高原(中尺度)和中国东部水蚀区(大尺度)作为研究对象,系统研究了三个尺度上土壤分离能力和土壤侵蚀阻力的空间变异特征,深入分析不同尺度上影响土壤分离能力、细沟可蚀性和临界剪切力空间变异的因素,并运用这些因素对细沟可蚀性和临界剪切力进行模拟。研究结果对于深入认识土壤侵蚀机理和构建不同尺度的土壤侵蚀过程模型具有十分重要的意义。

1.2 国内外研究进展

本书围绕不同尺度下土壤侵蚀阻力的空间变异及影响因素,主要从影响土分离能力的因素、影响土壤侵蚀阻力的因素、土壤理化性质的空间变异和土壤侵蚀的空间变异这四个方面进行国内外文献综述。

1.2.1 影响土壤分离能力的因素

土壤分离速率是指在径流冲刷作用下,单位时间、单位面积上土壤的流失量,是衡量土壤分离快慢的定量参数。土壤分离速率随着输沙率的增加而逐渐减少(Lei et al.,2002)。当输沙率为零时(清水状态下),土壤分离速率最大,即为土壤分离能力(柳玉梅 等,2009;张光辉 等,2002)。对于给定土壤状况的情况,土壤分离能力主要受坡面薄层水流水动力学参数的影响,主要包括流态、坡度、流量、水深、流速、水流阻力、水流剪切力、单位水流功率等(Cochrane and Flanagan,1997; Govers et al.,1990; Hairsine and Rose,1992; Lei et al.,2006; Nearing et al.,1999;李振炜,2015)。在给定的水动力学条件下,土壤分离能力受土壤理化性质(土壤质地、容重、黏结力、团聚体、土壤有机质)、植物根系、土地利用方式、农事活动等影响(García-Ruiz,2010; Owoputi and Stolte,1995; Yu et al.,2014a; Zhang et al.,2009)。下文将围绕土壤分离能力的五个因素,即水动力学参数、土壤理化性质、植物根系、土地利用方式和土壤分离能力模拟来进行文献综述。

1.2.1.1 水动力学参数

在土壤侵蚀学的研究中,坡面薄层水流可以定义为降雨或融雪在除去地面填洼、下渗与截留等损失后在重力作用下沿坡面流动的浅层水流,是地表径流的初始阶段,同时坡面薄层水流也是坡面土壤侵蚀的初始动力(潘成忠和上官周平,2009;张宽地 等,2014)。坡面薄层水流的水动力学特征对于坡面土壤侵蚀的研究具有十分重要理论意义。

(1) 流态

坡面薄层水流的流态是表征坡面水流动力学特性的基本参数之一(张光辉,2002),受下垫面状况、降雨、流路等因素的影响,坡面薄层水流的流态变化十分复杂,目前关于坡面薄层水流属于何种流态尚无定论(张光辉 等,2001)。沙际德和蒋允静(1995)认为坡面薄层水流属于紊流和层流之间的过渡流,并从黏性底层和贴壁扰流两个方面对其形成原因进行了讨论。然而,吴普特和周佩华(1992)观察到坡面薄层水流实际上是由许多微小水流汇集而成的紊流,严格意义上讲仍属于层流。张光辉(2002)通过变坡实验水槽研究了坡面薄层水流的动力学特征,认为坡面薄层水流的流态基本上呈过渡流和紊流。通常用雷诺数(Re)和弗劳德数(Fr)来判定水流的流态。雷诺数是判定层流和紊流的定量标准,是表达水流惯性力和黏性力之比的无纲量常数。弗劳德数是表征坡面流流态的另一个参数,是水流惯性力和重力的比值。雷诺数和弗劳德数的计算公式如下：

$$Re = \frac{VR}{v} \tag{1-2}$$

$$Fr = \frac{V}{\sqrt{gH}} \tag{1-3}$$

$$v = \frac{0.01775}{1 + 0.0337t + 0.000221t^2} \tag{1-4}$$

式中：V 为平均流速($m \cdot s^{-1}$)；R 为水力半径(m)；v 为水流运动黏滞系数($m^2 \cdot s^{-1}$)；g 为重力加速度，取 $9.8\ m \cdot s^{-2}$；H 为水深(mm)；t 为水温(℃)。当雷诺数小于 575 时，水流为层流；当雷诺数介于 575 和 2 000 之间时，水流为过渡流；当雷诺数大于 2 000 时，水流是紊流(陈椿庭，1995)。当弗劳德数小于 1 时，说明惯性作用小于重力作用，水流为缓流；当弗劳德数等于 1 时，说明惯性作用力与重力作用相等，水流为临界流；当弗劳德数大于 1 时，惯性力大于重力作用，水流为急流。一般认为，急流和紊流紊动剧烈，侵蚀力强；而缓流和层流则相反，侵蚀力弱。Nearing 和 Parker (1994)研究了层流和紊流条件下 3 种典型土壤的分离能力，发现在紊流条件下土壤分离能力显著偏大。柳玉梅等(2009)在较大坡度和流量范围内研究了雷诺数和弗劳德数对土壤分离能力的影响，发现土壤分离能力随着雷诺数和弗劳德数的增加呈幂函数形式增大，与弗劳德数相比，雷诺数能更好地模拟土壤分离能力。

(2) 坡度、流量、水深和流速

坡度、流量、水深和流速之间的关系密切。一般认为流速随着坡度的增大而增大，水深随着坡度的增大而减小(潘成忠和上官周平，2009)。张光辉等(2001)利用变坡水槽研究了坡面薄层水流的水动力学特征，发现坡面流流速和水深主要受流量控制。Nearing 等(1991)研究了缓坡条件下土壤分离能力与水深和坡度的关系，发现土壤分离能力可以用水深、坡度和团聚体进行模拟，且坡度对土壤分离能力的影响要大于水深对土壤分离能力的影响。张光辉等(2002)在大坡度范围内研究了土壤分离能力与坡度和流量的关系。其结果表明：在小坡度情况下，坡度对土壤分离能力的影响要大于水深的影响；而在大坡度情况下，水深对土壤分离能力的影响要大于坡度的影响；当坡度增大时，土壤分离能力与流量的关系逐渐向线性函数逼近。流速综合反映了流量、坡度和地表状况，因此流速是模拟土壤侵蚀过程的重要参数。Zhang 等(2002)系统研究了坡面流的土壤分离能力，发现土壤分离能力与流速间呈良好的幂函数关系。

(3) 水流阻力

水流阻力是指水流在流动过程中受到来自边界阻滞的作用(张科利，1998)。

对于坡面流阻力的研究主要是借鉴明渠水流的表达方式,如运用曼宁(Manning)系数、达西-魏斯巴赫(Darcy-Weisbach)阻力系数和谢才(Chezy)糙率系数(张科利,1999;张科利和张竹梅,2000)。大多数学者采用 Darcy-Weisbach 阻力系数来研究水流阻力。原因主要有以下三个方面:(1)Darcy-Weisbach 阻力系数在紊流和层流皆可适用;(2)该阻力系数为无量纲参数,可以进行不同流量之间的比较;(3)该阻力系数有一定的理论基础(蒋昌波 等,2012)。

$$f = \frac{8gRS}{V^2} \tag{1-5}$$

式中:f 为 Darcy-Weisbach 阻力系数,S 为坡度($m \cdot m^{-1}$),其他参数与上文相同。Darcy-Weisbach 阻力系数是坡面流水动力学的基本参数之一,应用较为广泛,Darcy-Weisbach 阻力系数反映了下垫面对坡面流动水体的阻力大小。在坡面水动力学条件(如坡度、流量等)相同的情况下,Darcy-Weisbach 阻力系数越大,坡面水流克服阻力的能量损耗就越多,土壤侵蚀程度就越小;反之,Darcy-Weisbach 阻力系数越小,土壤侵蚀就越剧烈(张光辉,2002)。张光辉(2002)和柳玉梅等(2009)利用变坡水槽,在较大坡度和流量范围内,研究了土壤分离能力与阻力系数之间的关系,发现 Darcy-Weisbach 阻力系数与土壤分离能力呈良好的幂函数关系。

(4) 水流剪切力、水流功率和单位水流功率

目前,国际上流行的土壤侵蚀过程模型常采用水流剪切力、水流功率和单位水流功率等水动力学参数来模拟土壤分离能力(何小武 等,2003;张光辉 等,2002)。美国的 WEPP(Water Erosion Prediction Project)模型采用的是水流剪切力概念(Flanagan and Nearing,1995),欧洲的 EUROSEM(European Soil Erosion Model)和荷兰的 LISEM(Limburg Soil Erosion Model)采用的是单位水流功率的概念(De Roo et al.,1996;Morgan et al.,1998),而澳大利亚的 GUEST 模型则采用的是水流功率的概念(Misra and Rose,1996)。

Lyle 和 Smerdon(1965)首次将水流剪切力应用到土壤分离能力模拟中。水流剪切力的计算公式如下:

$$\tau = \rho gRS \tag{1-6}$$

式中:τ 为水流剪切力(Pa);ρ 为水流密度($kg \cdot m^{-3}$);g 为重力加速度,取 $9.8 \ m \cdot s^{-2}$;R 为水力半径(m);S 为坡度($m \cdot m^{-1}$)。

最初土壤分离模拟方程是建立在水流剪切力和临界剪切力之差的基础上,当水流剪切力大于临界剪切力时,土壤发生分离。基于此,Foster(1982)提出了公式(1-1)模拟土壤分离能力。然而公式(1-1)除了水流剪切力外,其他参数均无法代表其他任何特定的土壤和水流条件,属于经验公式,没有足够的理论基础。很多美

国学者采用公式(1-1)的简化形式(Foster,1982):

$$D_c = K_r \tau^{\frac{3}{2}} \tag{1-7}$$

式中参数表示含义与式(1-1)相同。

水流功率由 Bagnold(1966)首先提出,其定义为:水流消耗在单位面积上的功率。水流功率可以用以下公式计算(Rose,1985):

$$\omega = \tau v \tag{1-8}$$

式中:ω 为水流功率($kg \cdot s^{-3}$)。Elliot 和 Laflen(1993)将细沟侵蚀划分为沟头下切、侧蚀、冲刷和剥蚀 4 个部分,提出用水流功率预测土壤分离能力的公式:

$$D_c = K_r(\omega - \omega_c) \tag{1-9}$$

式中:ω_c 为临界水流功率($kg \cdot s^{-3}$)。Hairsine 和 Rose(1992)认为细沟中的侵蚀与沉积过程受沉积层分布的影响,提出了基于水流功率的土壤分离预测模型:

$$D_r = [(1-H)w + 2d]\left[\frac{F(\omega - \omega_c)}{IJ}\right] \tag{1-10}$$

式中:D_r 为土壤分离速率($kg \cdot m^{-2} \cdot s^{-1}$),$H$ 为沉积层覆盖百分比(%),w 为细沟宽度(m),F 为作用于土壤分离的水流功率百分比(%),J 为分离单位质量土壤所需的能量(J),I 为土壤颗粒分选粒级(个),d 为细沟水深(m),ω 和 ω_c 分别为水流功率($kg \cdot s^{-3}$)和临界水流功率($kg \cdot s^{-3}$)。

Yang(1972)把单位水流功率定义为作用于床面泥沙单位重量水流所消耗的功率,其计算公式如下:

$$P = VS \tag{1-11}$$

式中:P 为单位水流功率($m \cdot s^{-1}$),V 为平均流速($m \cdot s^{-1}$),S 为坡度($m \cdot m^{-1}$)。在 EUROSEM 和 LISEM 模型中,土壤分离能力被定义为单位水流功率的函数:

$$D_c = yV_sC(SV - 0.4)^d \tag{1-12}$$

式中:y 是效率系数,其计算公式为 $y = 1/(0.89 + 0.56Coh)$,其中 Coh 为黏结力(kPa);V_s 为泥沙颗粒的沉降速度(m/s);C 与 d 为经验参数,其余参数与上文相同。

Zhang 等(2002)利用变坡实验水槽比较了水流剪切力、水流功率和单位水流功率模拟土壤分离能力的效果,研究结果表明水流功率的模拟效果更好。Nearing 等(1991)认为水流剪切力和水流功率的模拟效果无显著差异。Wang 等(2016)在 4 m 长、0.1 m 宽实验水槽上的研究结果表明,水流功率能更好地模拟土壤分离能力。然而,这些研究结果表明:关于水流剪切力、水流功率和单位水流功率哪个水动力参数能更好地模拟土壤分离能力,目前尚无统一认识。Bryan(2000)和Cao等(2009)的研究结果表明水流剪切力、水流功率和单位水流功率的拟合效果受实验条件的影响。

1.2.1.2 土壤理化性质

(1) 土壤质地

土壤质地可以定义为各粒级土壤占土壤质量的百分数,或者土壤中各粒级土壤颗粒的配合比例(邵明安 等,2006)。按照美国农业部的土壤颗粒划分标准,土壤质地可划分为黏粒(0~0.002 mm)、粉粒(0.002~0.05 mm)和砂粒(0.05~2 mm)。按照美国农业部的土壤质地分类系统,土壤质地可划分为12类,即黏土、粉黏土、砂质黏土、黏质壤土、粉黏壤土、砂质黏壤土、壤土、粉砂壤土、粉砂土、砂质壤土、壤质砂土和砂土。土壤黏粒决定了土壤颗粒之间的黏结性(Romero et al., 2007)。Su等(2014)利用变坡实验水槽研究了北京地区11种土壤类型的土壤分离能力,发现土壤分离能力数值随着黏粒含量、粉粒含量和砂粒含量的增加,分别呈指数递减、指数递减和指数递增的趋势。Li等(2015a)研究了黄土高原浅沟发育坡面上土壤分离能力的空间变异,发现土壤分离能力与黏粒含量呈显著负相关。就粉粒含量与土壤分离能力的关系而言,目前尚存在争议,如Li等(2015b)在研究黄土高原小流域不同土地利用类型的土壤分离能力时发现,土壤分离能力与粉粒含量呈正相关。然而,Geng等(2015)对黄土高原土壤分离能力空间变异的研究表明,土壤分离能力与粉粒含量呈显著负相关。砂粒含量高的土壤由于缺乏黏粒的黏结作用,土壤容易被分离(Romero et al., 2007)。此外,土壤中值粒径也可用于土壤分离能力的模拟,一般认为土壤分离能力随着中值粒径的增大而增强(Zhang G. H. et al., 2008)。

(2) 容重和黏结力

容重是干土壤基质物质的质量与总体积之比,又叫干容重和土壤密度(邵明安 等,2006)。容重反映了土壤紧实度,容重越大,土壤越紧实,土壤颗粒之间的黏结性越强,土壤越难被分离(Håkansson and Lipiec, 2000)。Zhang G. H. 等(2008)的研究结果表明,土壤分离能力随着土壤容重的增大而降低。Wang等(2014a)在研究黄土高原小流域不同退耕模式下的土壤分离能力时,也发现土壤分离能力与容重呈显著负相关关系。

黏结力是表征土壤抗蚀能力的重要指标之一,土壤颗粒或团聚体之间的黏结力,直接影响到径流的冲刷过程,进而影响到土壤分离能力(耿韧 等,2014a;张光辉和刘国彬,2001),因此被广泛应用于土壤分离能力模拟(Giménez and Govers, 2008; Knapen et al., 2007a; Léonard and Richard, 2004)。土壤剪切力是在土块破碎前土壤所能承受的最大剪切力。土壤剪切力可以用库仑(Coulomb)公式来计算(Johnson et al.，1987；Koolen and Kuipers，1983)：

$$\sigma = c + \sigma_n \tan\varphi \tag{1-13}$$

式中：σ 为土壤剪切力(kPa)，c 为土壤中黏结介质黏结力之和(kPa)，σ_n 为垂直压力(kPa)，φ 为内摩擦角(°)。虽然黏结力和土壤剪切力的叫法不同，但是从两者的测量仪器来看，两者反映的土壤属性是一样的，因此两者在一些研究中常常被混用(Bryan，2000；Geng et al.，2015)。Zhang 等(2009)在研究农地土壤分离能力的季节变化时发现，农地的土壤分离能力随着土壤黏结力的增加呈线性下降。此外，Wang 等(2014a)也发现土壤分离能力与土壤黏结力间呈显著的负相关关系。

(3) 团聚体

土壤团聚体是土壤结构的基本单元，其粒径分布不仅影响到土壤孔径的分布，而且决定了土壤对外界侵蚀应力的敏感性(蔡强国 等，2004)。土壤团聚体稳定性是模拟土壤可蚀性的重要参数之一(王军光 等，2012)。土壤团聚体稳定性可用水稳性团聚体百分比(WSA)(Wuddivira and Camps-Roach，2007)和平均重量直径(MWD)(Fattet et al.，2011)来表示，其计算公式如下：

$$\text{WSA} = \frac{M_s}{M_s + M_u} \tag{1-14}$$

$$\text{MWD} = \sum_{i=1}^{n} x_i w_i \tag{1-15}$$

式中：M_s 是稳定团聚体的质量(g)；M_u 是不稳定团聚体的质量(g)；x_i 是某一团聚体粒径范围内的平均直径(mm)；w_i 为某一团聚体粒径范围质量占总团聚体干重的分数。Li 等(2015b)发现随着水稳性团聚体(WSA)的增大，土壤分离能力呈显著幂函数下降趋势。Geng 等(2015)认为土壤分离能力与团聚体呈显著负相关关系。

Shi 等(2010)、王军光等(2011)和闫峰陵等(2009)用不同破碎机制下的土壤团聚体参数代替土壤可蚀性因子，并建立土壤侵蚀预报模型。Yan 等(2008)和闫峰陵等(2009)用团聚体稳定性特征参数 K_a 来综合反映土壤团聚体稳定性特征，其计算公式如下：

$$\text{RSI} = \frac{\text{MWD}_{\text{SW}} - \text{MWD}_{\text{FW}}}{\text{MWD}_{\text{SW}}} \tag{1-16}$$

$$\text{RMI} = \frac{\text{MWD}_{\text{SW}} - \text{MWD}_{\text{WS}}}{\text{MWD}_{\text{SW}}} \tag{1-17}$$

$$K_a = \text{RSI} \times \text{RMI} \qquad (1\text{-}18)$$

式中：RSI 为相对消散指数，反映了在快速湿润情况下，土壤因空隙空气受压而造成的团聚体分散程度；RMI 为相对机械破碎指数，反映了在径流剪切力、雨滴打击等外应力的作用下土壤团聚体的稳定性；MWD_{FW} 为快速湿润测定的结果；MWD_{WS} 为预湿润后震荡测定的结果；MWD_{SW} 为慢速湿润测定的结果。K_a 值越大，土壤团聚体越不稳定，越容易被侵蚀。Wang 等（2012）和王军光等（2011）研究了红壤土壤分离能力与土壤团聚体的关系，发现 K_a 可以很好地模拟土壤分离能力。

(4) 土壤有机质

土壤有机质通过作用于团聚体来影响侵蚀过程（Bryan，2000）。土壤有机质具有增强团聚体稳定性的作用（Chenu et al.，2000）。一方面土壤有机质通过有机高分子聚合物的黏结作用增强团聚体的黏结力（Chenu and Guerif，1991），另一方面，土壤有机质可以减少团聚体遇水湿润的速率，因而减少团聚体遇水的崩解速率（Chenu and Guerif，1991）。因此，土壤有机质具有增加土壤抵抗侵蚀的能力（Wang et al.，2013）。Li 等（2015b）研究了黄土高原小流域不同土地利用方式的土壤分离能力，发现土壤分离能力与土壤有机质间呈显著的相关关系。此外，Knapen 等（2008）在研究传统耕作下农作物枯落物对土壤分离能力的影响时，也发现土壤分离能力随着土壤有机质的增加而呈指数函数下降趋势。

1.2.1.3 植物根系和土地利用方式

植物根系通过对土壤颗粒的物理捆绑作用和化学吸附作用，来增加土壤抵抗侵蚀的能力（Mamo and Bubenzer，2001a，2001b；Vannoppen et al.，2015）。Zhang 等（2013）在陡坡条件下研究了根系对土壤分离能力的影响，结果表明当根系质量密度在 $0\sim4\ \text{kg}\cdot\text{m}^{-3}$ 范围内时，土壤分离能力随着根系质量密度的增加而迅速下降，之后随着根系质量密度的增加，土壤分离能力下降的速度则相对缓慢。Wang 等（2014b）研究了自然演替条件下地表特性对土壤分离能力的影响，发现根系的物理捆绑作用的贡献率为 39.0%，根系的化学吸附作用的贡献率为 14.7%。此外，根系结构显著影响土壤分离能力，De Baets 等（2007）研究了草类根系（代表须根系）和胡萝卜根系（代表直根系）与土壤分离能力的相互作用关系，研究结果表明须根系在降低土壤分离能力方面的作用显著大于直根系。

众多研究表明，土地利用方式显著影响土壤侵蚀。在众多影响土壤侵蚀的因子中，土地利用方式被认为是最为重要的因子，在某些条件下，甚至超过了雨强和坡度因子（García-Ruiz，2010）。土地利用方式通过改变土壤理化性质、根系、枯落物等来影响土壤分离能力。Zhang G. H. 等（2008）研究发现农地与草地、灌木、荒地、林地的土壤分离能力之比分别为 2.05、2.76、3.23、13.32。与草地和林地相比,农地更容易受到人类农事活动(如种植、翻耕、除草和收获)的扰动影响,这些农事活动使表层土壤变得疏松,因而更容易被侵蚀(Zhang et al.,2009)。Li 等(2015b)研究了黄土高原小流域 6 种土地利用方式的土壤分离能力,发现土地利用方式显著影响土壤分离能力,农地土壤分离能力与果园、灌木、林地、草地、荒地的土壤分离能力之比分别是 7.14、12.29、25.78、28.45、46.43。

1.2.1.4 土壤分离能力模拟

鉴于土壤分离能力测定的费时费力性,国内外不少研究者试图通过一些简单易测定的土壤理化性质和水动力学参数来模拟土壤分离能力。

Ciampalini 和 Torri(1998)用 1.5 m 长、0.2 m 宽的水槽研究了扰动土的土壤分离能力,得出以下土壤分离能力预测方程:

$$D_c = 0.38 \frac{\delta_s D_{50} \omega}{CH} \exp\left[6.4 \frac{C}{D_{50}} + 7.1S - 1.3\left(\frac{\delta_s - \rho_w}{\rho_w}\right)\right] \quad (1-19)$$

式中: D_c 为土壤分离能力($\text{kg} \cdot \text{m}^{-2} \cdot \text{s}^{-1}$), δ_s 为土壤密度($\text{kg} \cdot \text{m}^{-3}$), D_{50} 为土壤中值粒径(mm), ω 为水流功率($\text{kg} \cdot \text{s}^{-3}$), C 为经验参数, H 为沉积层覆盖百分比(%), S 为坡度($\text{m} \cdot \text{m}^{-1}$), ρ_w 为水流密度($\text{kg} \cdot \text{m}^{-3}$)。

Knapen 等(2008)研究了植物残渣对土壤分离能力的影响,得出了基于土壤有机质、土壤含水量、水流剪切力和土壤剪切力的模拟方程:

$$D_c = [0.09\exp(-0.007 \times \text{SOM}) - 0.02 \times \text{SMC} - 0.05\text{DBD}][\tau - \sigma_{s,sat} - 5] \quad (1-20)$$

式中: SOM 为土壤有机质($\text{g} \cdot \text{kg}^{-1}$), SMC 为土壤含水量($\text{g} \cdot \text{g}^{-1}$), DBD 为容重($\text{g} \cdot \text{cm}^{-3}$), τ 为水流剪切力(Pa), $\sigma_{s,sat}$ 为土壤饱和下的土壤剪切力(kPa)。

Zhang G. H. 等(2008)研究了黄土高原 5 种典型土地利用方式(农地、草地、灌木、荒地和林地)的土壤分离能力,发现土壤分离能力可以用以下方程进行模拟:

$$D_c = 2.774 \times 10^{-3} \frac{\delta_s D_{50} \omega}{CH} \exp\left[12.25 \frac{C}{D_{50}} + 0.19S - 1.35\left(\frac{\delta_s - \rho_w}{\rho_w}\right)\right] \quad (1-21)$$

式中各变量表示含义与式(1-19)相同。

Wang 等(2013)在黄土高原纸坊沟小流域研究了 5 种退耕年限(3 年、8 年、10 年、18 年、27 年)的土壤分离能力,发现土壤分离能力可以用水流剪切力和生物结皮厚度来模拟:

$$D_c = 0.002\tau^{1.224} C_{\text{TH}}^{-0.195} \quad (1-22)$$

式中: τ 为水流剪切力(Pa), C_{TH} 为生物结皮厚度(mm)。

Wang 等(2014a)研究了 5 种退耕模式(37 年撂荒草地、37 年柠条地、37 年刺槐林地、37 年油松林地和 37 年油松紫穗槐混交林林地)的土壤分离能力,得出了基于水流剪切力、黏结力和根系质量密度的模拟方程:

$$D_c = 0.868\tau^{1.051} \text{Coh}^{-0.623} \exp(-0.031\text{RMD}) \tag{1-23}$$

式中:τ 为水流剪切力(Pa),Coh 为黏结力(Pa),RMD 为根系质量密度(kg·m^{-3})。

Su 等(2014)研究了北京地区 11 种土壤类型的土壤分离能力,提出以下土壤分离能力的预测方程:

$$D_c = 8.853 \times 10^{-3} \omega^{1.433} \text{SOM}^{-0.569} \exp(-0.175\text{Clay}) \tag{1-24}$$

式中:SOM 为土壤有机质(g·kg^{-1});Clay 为黏粒含量(%),其余变量表示与前文相同。

Yu 等(2014a)研究了黄土高原地区 4 种典型农地的土壤分离能力的季节变化,提出了 4 种农地土壤分离能力的预测方程:

$$D_c = 0.865\exp(-0.034\text{RMD} - 0.234\text{Coh})(\tau - 4.88) \tag{1-25}$$

式中:RMD 为根系质量密度(kg·m^{-3}),Coh 为黏结力(Pa),τ 为水流剪切力(Pa)。

Li 等(2015b)在黄土高原研究分布在红胶土和黄绵土上的不同土地利用方式的土壤分离能力,得出以下土壤分离能力预测方程。

$$D_c = 0.35\frac{\delta_s D_{50} \omega}{CH} \exp\left(0.02\frac{\text{Silt}}{D_{50}} + 1.97S - 3.99\frac{\delta_s - \delta_w}{\delta_w} - 7.51\text{RMD}\right) \tag{1-26}$$

式中:Silt 为粉粒含量(%),其他变量表示含义与前文相同。

从以上的模拟方程可以看出,土壤分离能力的预测方程存在不同的形式。即使对于同一形式的土壤分离能力预测方程,具体的参数也存在较大差异。这些方程是针对特定实验条件提出的,其方程的外推性受到一定限制。这些预测方程中较为通用的拟合变量有土壤质地、黏结力、土壤有机质、团聚体和根系质量密度。对于同一拟合变量而言,由于实验条件的不同,也会出现不同的拟合效果(Bryan,2000)。

1.2.2　影响土壤侵蚀阻力的因素

土壤侵蚀阻力包括细沟可蚀性和临界剪切力,细沟可蚀性与临界剪切力是许多土壤侵蚀过程模型的重要参数(Lei et al.,2008)。本书中使用公式(1-27)来计算细沟可蚀性和临界剪切力(Knapen et al.，2007a；Nearing et al.，1989；Wang et al.，2015)：

$$D_c = K_r(\tau - \tau_c) \tag{1-27}$$

如图 1-1 所示,对实测水流剪切力和土壤分离能力进行线性拟合,回归直线的斜率即为细沟可蚀性(K_r),回归直线与 x 轴的截距即为临界剪切力(τ_c)(Li et al.，2015c；Yu et al.，2014b)。细沟可蚀性不同于美国通用土壤流失方程(USLE)中的土壤可蚀性(K_{USLE})(Kinnell，2010；Kinnell，2016；Wischmeier and Smith，1978)。土壤可蚀性综合反映片蚀、细沟和细沟间侵蚀过程(Laflen et al.，1991；Line and Meyer，1989；Zhang et al.，2005；郑粉莉和高学田，2003)。众多研究结果表明,细沟可蚀性和临界剪切力受土壤理化性质、植物根系和土地利用方式的影响(Govers and Loch，1993；Knapen et al.，2007a；Knapen et al.，2008；Sun et al.，2016)。

1.2.2.1 土壤理化性质

(1) 土壤质地

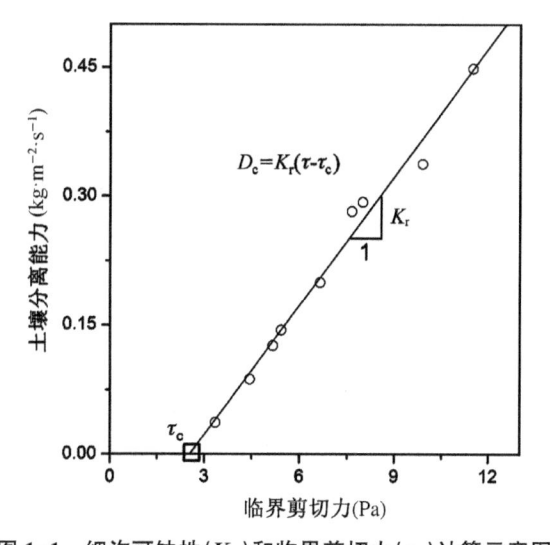

图 1-1 细沟可蚀性(K_r)和临界剪切力(τ_c)计算示意图

土壤质地是广泛应用于土壤侵蚀阻力模拟的参数之一。在美国通用土壤流失方程(USLE)中,用平均几何粒径(D_g)和土壤粒径参数(M)来模拟土壤可蚀性(K_{USLE})(Shirazi and Boersma，1984；Wischmeier and Smith，1978；刘宝元 等，2001；刘宝元 等，2010),具体公式为：

$$K_{\text{USLE}} = 0.0035 + 0.0388\exp\left[-0.2\left(\frac{\log D_g + 1.519}{0.758}\right)^2\right] \quad (1-28)$$

$$D_g = \exp\left(0.01\sum f_i \ln m_i\right) \quad (1-29)$$

$$M = (\text{Silt} + \text{Vfs}) \times (100 - \text{Clay}) \quad (1-30)$$

式中：f_i 为土壤中粒径百分比(%)，m_i 为小于该粒径算术平均值(mm)，Silt 为粉粒含量(%)，Vfs 为极细砂含量(%)，Clay 为黏粒含量(%)。

相关研究指出,黏粒含量适中和砂粒含量适中的土壤可蚀性最高。Knapen 等(2007a)综合全球范围内不同实验条件下测定的 277 个细沟可蚀性数据和 317 个临界剪切力数据,发现粉壤土的细沟可蚀性最强。Poesen(1992)在研究片蚀和细沟侵蚀时,也得出相似的结论。尽管两者在实验方法上差别很大,但均发现粉壤土最容易受到侵蚀。一般认为黏粒含量越高的土壤,土壤颗粒之间的黏结力越大,土壤颗粒越难被分离(Meyer and Harmon, 1984)。细沟可蚀性随着黏粒含量的增高而逐渐增强,临界剪切力则相反(Gilley et al., 1993；Smerdon and Beasley, 1959)。然而,一些研究则指出细沟可蚀性与黏粒含量无直接关系(Geng et al., 2015；Le Bissonnais et al., 1995；Truman et al., 1990)。Mamedov 等(2006)把这种现象归因为土壤侵蚀过程中复杂的物理化学作用减弱了黏粒之间的黏结作用。Sheridan 等(2000a)认为黏粒、粉粒含量高的土壤,其细沟可蚀性较弱。当土壤颗粒小于 20 μm 时,土壤颗粒之间的黏结力大,土壤细沟可蚀性弱；当土壤颗粒介于 20 μm 与 10 mm 之间时,土壤颗粒之间的黏结力小,细沟可蚀性强；当土壤颗粒大于 10 mm 时,由于较大的密度,土壤反而不容易被侵蚀。对于粉粒与细沟可蚀性的关系,存在相左的观点。如上文所述,一般认为细沟可蚀性随着粉粒含量增高而增强。Li 等(2015c)研究了黄土高原 6 种土地利用类型的细沟可蚀性,也发现细沟可蚀性随着粉粒含量的增高而呈幂函数增强,然而 Geng 等(2017)的研究却发现两者存在负相关关系。对于砂粒含量与细沟可蚀性的关系,学界认识较为统一。一般认为随着砂粒含量的增高,细沟可蚀性呈增强趋势。

(2) 土壤容重

土壤容重越大,土壤被压实越紧密,土壤颗粒之间的作用力越强。对于黏土而言,土壤容重越大,土壤颗粒的排列越一致,因此土壤抵抗侵蚀的能力越强(Grissinger, 1966；Minks, 1983)。Ghebreiyessus 等(1994)研究了不同容重(1.2 kg·m^{-3} 和 1.4 kg·m^{-3})对土壤侵蚀阻力的影响,发现容重为 1.2 kg·m^{-3} 时土壤的细沟可蚀性是容重为 1.4 kg·m^{-3} 时的 4.7 倍,而容重为 1.2 kg·m^{-3} 时土壤的临界剪切力是容重为 1.4 kg·m^{-3} 时的 0.33 倍。此外,Cao 等(2009)的研究结果也表明随着土壤容重的增大,土壤抵抗侵蚀的能力也越强。

(3) 土壤黏结力

黏结力是土壤侵蚀阻力预测中使用最为广泛的参数之一(Knapen et al.,2007a;蔡强国,1998)。原因主要有以下 4 个方面(Hanson,1996;Léonard and Richard,2004):①黏结力容易测定;②土壤黏结力与其他土壤理化性质(如容重和土壤含水量)密切相关;③它能解释土壤可蚀性在小尺度上的空间变异;④土壤侵蚀阻力与土壤颗粒之间的黏结力密切相关。Wang 等(2014a)和 Li 等(2015c)的研究结果均表明细沟可蚀性与黏结力呈显著负相关关系。

就剪切力与临界剪切力之间的关系而言,不同的研究者持不同的观点。Geng 等(2015)以及 Léonard 和 Richard(2004)发现临界剪切力与黏结力之间存在显著的正相关关系,然而,其他研究者认为临界剪切力和黏结力之间不存在相关关系(Fattet et al.,2011;Govers and Loch,1993;Nearing et al.,1988)。虽然临界剪切力和黏结力都表示土壤抵抗剪切力的能力,并且两者之间存在显著的统计学关系,但是两者从本质上存在明显的差异,黏结力的单位是 kPa,而临界剪切力的单位是 Pa(Torri,1987)。一些研究者从以下 4 个方面来解释土壤在远比黏结力小的水流剪切力下被分离的原因(Knapen et al.,2007a;Torri,1987):①水流剪切力的计算没有考虑到局部的水流紊动,正是这种局部的水流紊动控制着土壤的分离;②饱和土壤颗粒之间的黏结力要远小于未饱和土壤颗粒之间的黏结力;③土壤颗粒间黏结力最小的土壤最先被分离;④在计算临界剪切力时,通常假定水流是均匀分布于土壤表面的,然而实际上水流却在一些部位集中,这就造成了这些部位水流剪切力的低估。

(4) 团聚体

与黏结力一样,团聚体也是常用于土壤侵蚀阻力模拟的土壤性质之一(Meshesha et al.,2016),这是因为黏结力与团聚体之间存在显著的相关关系,土壤团聚体和黏结力都与土壤颗粒或团粒之间的黏结力相关(Bryan,1969;Coote et al.,1988;Grissinger,1982)。Wang 等(2012)选取了 8 种典型红壤作为研究对象,发现团聚体稳定性特征参数(AS)可以很好地模拟细沟可蚀性,提出以下细沟可蚀性模拟方程:

$$K_r = 0.0286 \text{ AS} + 0.0546 e^{-2.744 \text{RMD}} \tag{1-31}$$

Geng 等(2015)在黄土高原,沿着年降雨梯度布设了一条 508 km 的样线,研究土壤侵蚀阻力在这条样线上的空间变异规律,结果表明土壤侵蚀阻力与团聚体之间存在以下关系:

$$K_r = 0.348 e^{-0.612 \text{AS}} \tag{1-32}$$

$$\tau_c = 3.785 + 2.203\ln(AS) \tag{1-33}$$

式中：AS 为团聚体稳定性(mm)，RMD 为根系质量密度($kg \cdot m^{-3}$)。

(5) 土壤化学性质

常见的影响土壤侵蚀阻力的土壤化学性质有：电导率、土壤 pH、交换性钾钠钙镁、阳离子交换量、交换性钠百分比、土壤有机质等(Alberts et al., 1995; Gilley et al., 1993; Igwe, 2005; Knapen et al., 2007a; Rapp, 1999; 蔡强国, 1998; 蔡强国 等, 2004)。Sheridan 等(2000a)研究了 34 种土壤的细沟可蚀性，发现细沟可蚀性随着电导率增大而增强，随着 pH 和交换性钠百分比的增大而减弱。Ariathurai 和 Arulanandan(1978)认为土壤中的 Na^+ 含量多于 Mg^{2+} 和 Ca^{2+} 时，土壤容易分散，因而土壤抵抗侵蚀的能力越弱。Wuddivira 和 Camps-Roach(2007)的研究结果表明钙离子有助于团聚体的形成，进而影响到细沟可蚀性和临界剪切力。Igwe(2005)研究了尼日利亚 25 种土壤类型的分散性，发现土壤中阳离子交换量越高，游离氧化铁铝含量越高，土壤抵抗侵蚀的能力越强。Römkens 等(1977)研究了黏土的土壤可蚀性与土壤理化性质的关系，发现土壤中游离氧化铁铝含量是预测土壤可蚀性的良好指标。然而，蔡强国等(2004)的研究结果却表明土壤中游离氧化铁铝含量对土壤侵蚀量影响不显著。一般认为，阳离子(如 Ca^{2+}、Al^{3+}、Fe^{3+} 和 Si^{4+})能促进土壤中化合物的沉淀，这些化合物起到黏结土壤颗粒的作用，进而影响到土壤侵蚀阻力(Boix-Fayos et al., 1998; Bronick and Lal, 2005)。Singer 等(1982)在研究交换性钠百分比对土壤可蚀性的影响时发现，当交换性钠百分比在 0~12% 范围内时，土壤可蚀性随着交换性钠百分比的增大而迅速增强，之后土壤可蚀性随着交换性钠百分比的增大呈现出稳定的状态。土壤有机质起到黏结土壤颗粒的作用，因而增加团聚体的稳定性。Wang 等(2013)和 Knapen(2008)发现细沟可蚀性随着土壤有机质含量的增加而呈指数函数减弱。

1.2.2.2 植物根系与土地利用方式

植物根系通过其物理捆绑作用和化学吸附作用强化土壤抵抗侵蚀的能力。大多数研究者采用根系质量密度和根系长度密度表征根系抑制土壤侵蚀的作用(De Baets and Poesen, 2010; De Baets et al., 2006; Gyssels et al., 2006; Gyssels and Poesen, 2003; Gyssels et al., 2005; Zhang et al., 2014; Zhou and Shangguan, 2005)。也有少数研究者研究了根系直径对细沟可蚀性的影响(Li et al., 1991)。Zhang(2013)利用变坡实验水槽研究了根系密度对细沟可蚀性的影响，发现细沟可蚀性与根系质量密度呈现以下指数函数关系：

$$K_r = 0.018e^{-0.410RMD} \tag{1-34}$$

Mamo 和 Bubenzer(2001a, 2001b)发现细沟可蚀性随着根系长度密度的增大呈指数函数减弱,根系长度密度与临界剪切力无显著的相关关系。他们把这种无显著的相关关系归结为:与细沟可蚀性相比,临界剪切力受土壤最表层状况影响更大。此外,Geng等(2015)也发现细沟可蚀性随着根系质量密度的增加呈指数函数减弱,临界剪切力与根系质量密度间也没有显著关系。在模拟根系对土壤侵蚀阻力的影响方面,相比根系质量密度而言,根系长度密度是一个更好的指标,这是因为根系长度密度与根系结构相关(Vannoppen et al.,2015)。然而,在实际研究中,根系长度密度的准确测定十分困难(Zhang et al.,2014)。对于直根系而言,由于较大直径主根的存在,根系质量密度较大,根系长度密度反而较小,然而细根含量显著影响土壤抵抗侵蚀的阻力,因此须根系对土壤侵蚀的减小作用比直根系更明显(Vannoppen et al.,2015)。

土地利用方式直接影响土壤理化性质、根系结构和耕作方式(Celik,2005;Cerdà,1998;De Baets and Poesen,2010;Islam and Weil,2000),因而影响土壤侵蚀阻力。Li等(2015c)研究了黄土高原小流域6种土地利用类型的细沟可蚀性,发现农地的细沟可蚀性显著高于其他5种土地利用类型,农地的细沟可蚀性分别是果园、灌木、林地、草地和荒地细沟可蚀性的9.17、11.65、26.34、28.88和42.57倍。此外,Geng等(2015)研究了黄土高原3种典型土地利用方式下土壤侵蚀阻力的空间变异,发现农地的细沟可蚀性是林地和草地的7.54和3.81倍,农地的临界剪切力是草地和林地的0.37和0.38倍。

1.2.2.3 细沟可蚀性与临界剪切力的关系

关于细沟可蚀性与临界剪切力的关系,不同研究者持不同的观点。Ariathurai和Arulanandan(1978)认为影响细沟可蚀性的因子也同样影响临界剪切力,细沟可蚀性和临界剪切力之间存在负相关关系。根据影响细沟可蚀性的因子也同样影响临界剪切力这一假设,Nearing等(1988)提出以下关系式:

$$\tau_c = \beta K_c \tag{1-35}$$

式中:τ_c 为临界剪切力,K_c 为细沟可蚀性,β 为拟合参数。

然而这一公式却没有得到实验数据的支持。Hanson和Simon(2001)研究了美国中西部河床的土壤侵蚀阻力,83组实验数据表明细沟可蚀性与临界剪切力存在以下关系式:

$$K_c = 0.2\tau_c^{-0.5} \tag{1-36}$$

然而,WEPP模型的36组农地数据表明细沟可蚀性与临界剪切力之间没有显著的相关关系(Laflen et al.,1991)。此外,Mamo和Bubenzer(2001b)的野外实验数据也表明细沟可蚀性和临界剪切力之间不存在相关关系。Knapen等(2007a)

综合分析了全球范围内关于细沟可蚀性和临界剪切力的研究成果,也同样发现细沟可蚀性和临界剪切力之间不存在相关关系。最近几年的研究也表明细沟可蚀性和临界剪切力之间不存在相关关系。究其原因,主要有以下4个方面:①水流中存在局部的紊动,这些局部紊动产生的瞬时切应力超过了临界剪切力,造成了土壤的分离(Lavelle and Mofjeld, 1987);②土壤是逐渐的被分离搬运的,而不是超过某个临界值后,土壤突然开始分离(Merz and Bryan, 1993; Torri et al., 1987; Zhu et al., 2001);③临界剪切力是通过线性回归计算而来,并没有实际的物理意义(Nearing and Parker, 1994);④临界剪切力比细沟可蚀性更容易受到表层土壤特性的影响,而这些表层土壤特性具有强烈的时空变异特征,从而导致临界剪切力比较敏感(Mamo and Bubenzer, 2001a, 2001b; West et al., 1992)。

1.2.2.4 土壤侵蚀阻力预测

Gilley 等(1993)研究了美国36种农地土壤的细沟可蚀性和临界剪切力,得出以下公式。

对于细沟可蚀性:当临界剪切力为30 kPa时,如果土壤含水量小于等于23%,则

$$K_r = -0.002\,94Fe^{3+} + 0.121Na^+ + 0.011\,3 \tag{1-37}$$

当临界剪切力为30 kPa时,如果土壤含水量大于23.0%,则

$$K_r = 0.004\,36Fe^{3+} - 0.004\,12SOM - 0.000\,294Sand \\ + 0.001\,21Vfs + 0.005\,51 \tag{1-38}$$

对于临界剪切力,当分散性黏土含量小于7.5%时,

$$\tau_c = 0.216Clay - 183CLE + 0.412WC_{1.5} + 0.780 \tag{1-39}$$

当分散性黏土含量大于等于7.5%时,

$$\tau_c = 0.296Ca^{2+} + 1.53Fe^{3+} + 7.75SOM - 11.4K^+ \\ - 0.535Vfs - 0.208 \tag{1-40}$$

式中:Fe^{3+} 为游离的氧化铁含量(%),Na^+ 为交换性钠的含量(%),SOM 为土壤有机质含量(%),Sand 为砂粒含量(%),Vfs 为极细砂含量(%),Clay 为黏粒含量(%),CLE 为线性膨胀系数(cm·cm^{-1}),$WC_{1.5}$ 为土壤在1.5 MPa时的含水量(%),Ca^{2+} 为交换性钙的含量(%),K^+ 为交换性钾的含量(%)。

1995年WEPP模型(Alberts et al., 1995)提出了以下计算农地细沟可蚀性和临界剪切力的公式。

当砂粒含量小于30%时,如果黏粒含量小于10%,则用10%代入以下方程

$$K_r = 0.0069 + 0.134e^{-20\text{Clay}} \tag{1-41}$$

$$\tau_c = 3.5 \tag{1-42}$$

当砂粒含量大于30%时,如果极细砂含量小于40%,则在以下公式中代入40%。如果黏粒含量超过40%,则在以下公式中使用40%。如果有机质含量小于0.0035,则在以下公式中使用0.0035。

$$K_r = 0.00197 + 0.30\text{Vfs} + 0.03863e^{-184\text{SOM}} \tag{1-43}$$

$$\tau_c = 2.67 + 6.35\text{Clay} - 5.8\text{Vfs} \tag{1-44}$$

式中:Clay 为黏粒含量(%);Vfs 为极细砂含量(%)。

2000年,Sheridan(2000a)研究了澳大利亚昆士兰地区34种土壤的细沟可蚀性,得出以下细沟可蚀性模拟方程:

$$K_r = 63.96 + 0.00008797 \times \text{WT}^3 - 3.20\text{pH} - 30.47\text{BD} \tag{1-45}$$

式中:WT 为 0.02~1 mm 粒径范围内的颗粒的重量百分比(%),pH 为土壤 pH 值,BD 为土壤容重(g·cm^{-3})。

2014年,Wang(2014a)在黄土高原纸坊沟小流域研究了不同退耕模式下细沟可蚀性,提出了基于黏结力、土壤总孔隙度(TP,%)和根系质量密度的模拟方程:

$$K_r = 0.217e^{-0.0004\text{Coh}+0.034\text{TP}-0.031\text{RMD}} \tag{1-46}$$

2015年,Geng 等(2015)在黄土高原沿着降雨梯度布设了一条508 km 的样线,研究了农地、草地和林地的土壤侵蚀阻力在样线上的变化情况,提出了草地和林地相对于农地的土壤侵蚀阻力校正系数方程:

$$K_{\text{radj}} = 0.943\left[1.372 - 1.601\left(\frac{\text{Coh}_{\text{gw}} - \text{Coh}_c}{\text{Coh}_c}\right)\right]e^{-0.810\text{RMD}} \tag{1-47}$$

$$\tau_{\text{radj}} = 0.503 + 5.419\left(\frac{\text{AS}_{\text{gw}} - \text{AS}_c}{\text{AS}_c}\right) \tag{1-48}$$

式中:K_{radj} 为细沟可蚀性的校正系数;Coh_{gw} 为草地或林地的黏结力(kPa);Coh_c 为农地的黏结力(kPa);τ_{radj} 为细沟可蚀性校正系数;AS_{gw} 为草地或林地的团聚体(mm);AS_c 为农地的团聚体(mm)。

与土壤分离能力的模拟一样,这些土壤侵蚀阻力模拟方程均是在特定实验环境条件下得到,其外推均受一定限制。Geng 等(2017)研究了中国东部水侵蚀区土壤侵蚀阻力的空间变化,提出了适用于中国东部水蚀区的细沟可蚀性模拟方程,并与 WEPP 模型进行对比,发现 WEPP 模型计算出的细沟可蚀性是实际细沟可蚀性测定值的23.6倍。这表明目前人们对于土壤侵蚀机理的认识尚不清楚,只有土壤侵蚀机理得到充分认识,广泛适用且精确的土壤侵蚀阻力模拟方程才能得以建立。

1.2.3 土壤理化性质的空间变异

尺度问题是地理学和生态学研究中的关键问题之一,这一术语近年来在地理学和生态学的研究中出现频率极高,越来越多的研究者注意到了尺度效应在各自研究领域的重要性(Hoosbeek,1998;Lunati et al.,2001;Viles,2001;蔡运龙,2000;胡伟 等,2005;李双成和蔡运龙,2005;吕一河和傅伯杰,2001;赵文武 等,2002)。尺度是指研究过程或对象的空间维或时间维,用于信息收集或处理的空间或时间单位,由空间或时间范围决定的一种格局变化(Farina,2006;Peterson and Parker,1998;陈睿山和蔡运龙,2010)。在地理学、生态学和空间的研究过程中,必须要明确空间尺度的定义。在研究的过程中,常常为了关注某些东西而忽略另一些东西。从空间这个尺度来看,研究者对某一特定事物的关注水平都受控于特定的研究分辨率或研究尺度(Burt,2003)。这就涉及地理学尺度研究中的 10 个关键问题之一:优势或主导过程如何随尺度变化(李双成和蔡运龙,2005),不同尺度上存在着不同的发生过程,且主导优势过程在不同尺度上也是不同的。比如,在小尺度上,微地形和土壤特性控制着植物分布;然而在大尺度上,气候条件则是主要的制约因子。对于土壤理化性质而言,其空间变异性也存在着多尺度,并且在不同尺度上主导的因子存在明显差异(Cambardella et al.,1994;Dharmakeerthi et al.,2006;Ruffo et al.,2005;刘庆 等,2009;刘世梁 等,2005)。土壤理化性质在坡面、流域和区域尺度呈现出不同的空间变异特征,主导的影响因素也不一样。

在坡面尺度上,地貌单元是控制土壤理化性质空间变异的主要因素。地貌单元通过影响土壤温度、土壤水分、径流、土壤侵蚀以及土壤形成过程,进而影响土壤理化性质(Li et al.,2015b;Wang et al.,2001)。Fu 等(2003)在黄土高原大南沟小流域进行的实验表明土壤水分含量从坡上到坡下呈现逐渐增加的趋势。Malo 等(1974)在美国北达科他州研究了地貌单元对土壤理化性质的影响,发现黏粒含量从坡上到坡下是逐渐增加的,而砂粒含量则呈与黏粒相反的变化趋势,并把这种现象归因于不同地貌单元之间侵蚀和沉积的差异。Gregorich 和 Anderson(1985)在加拿大草原研究了地形序列对地貌单元的影响,发现土壤有机质和土层厚度从坡上到坡下均呈现逐渐增加的趋势。Pierson 和 Mulla(1990)用 4 条 800 米长的样线研究了地貌单元对团聚体的影响,结果发现团聚体从坡上到坡下呈逐渐增加的趋势。地貌单元不仅控制着土壤理化性质的差异,而且控制着植物根系的生长(Hales et al.,2009)。土壤水分和土壤养分控制植物根系的生长(Garcia et al.,1988;Slobodian et al.,2002)。在干旱和半干旱地区(如黄土高原),土壤水分是限制草类生长的主要生态因子(Zhang et al.，2016)。对于土壤养分而言,草类根系在养分充足的地方比在养分匮乏的地方更容易侧向生长(Garcia et al.，1988)。土壤水分和土壤养分都受控于地貌单元(Pennock et al.，1994)。Pennock 等(1994)研究发现,由于土壤侵蚀引起的土壤从坡上到坡下的再分配,土壤养分从坡上到坡下呈逐渐增多的趋势。在土壤水分含量和土壤养分从坡上到坡下逐渐增多的共同作用下,根系密度从坡上到坡下的也呈增大趋势(Pennock et al.，1994; Slobodian et al.，2002)。Slobodian 等(2002)在加拿大草原的研究结果表明从坡上到坡下植物根系密度呈逐渐增加趋势。此外,Van Rees 等(1994)对春小麦的研究结果也表明在坡顶部位的根系密度小于在坡底的根系密度。

在小流域尺度上,土地利用方式和小地形是土壤理化性质空间变异的主要影响因子(赵海霞 等,2005)。土地利用方式是多个环境特性的综合,通过对侵蚀、矿化、淋溶和氧化等过程的作用,控制着土壤理化性质的空间异质性。对于非耕地而言,植被类型影响着土壤有机质,植被状况的改善会减轻由地形引起的土壤侵蚀(赵海霞 等,2005)。小地形影响光照、土壤温度、径流、排水和土壤侵蚀,从而影响土壤成土过程、植被初级生产力和分解过程。地形条件显著影响着土壤的物理性质(如土壤质地、容重、黏结力等)、土壤化学性质(如土壤有机质,pH 值等)(Liu et al.，2002; Ovalles and Collins,1986)。Bi 等(2008)运用经典统计学和地统计学研究了黄土高原土壤水分的空间变异,发现坡度和坡向显著影响土壤水分的空间变异。邱扬等(2002a)在黄土高原大南沟小流域布设了 111 个采样点,研究了地形和土地利用方式对于土壤质地、容重、饱和含水量、团聚体、黏结力和稳定入渗率的影响,结果表明土地利用方式显著影响土壤物理性质,土壤物理性质存在显著的地形分异。耿韧等(2014c)在黄土高原纸坊沟小流域内选取了 6 种土地利用方式,研究了小流域内土地利用方式对土壤有机质的影响,结果表明土地利用方式显著影响土壤有机质,不同土地利用方式下有机质的差异主要由地上和地下生物量、人类活动等方面的差异引起。Zhao 等(2015)在黄土高原小流域内,研究了土地利用方式和地形对土壤质量指标(有机质、全氮、全磷和根系水分)的影响,发现土地利用方式和地形显著影响土壤质量指标。

在区域和全球尺度上,土壤理化性质主要受控于土地利用、地质历史、母质和气候(Kosmas et al.，1993; Rodríguez et al.，2009; 刘志鹏,2013)。由于庞大的野外采样工作量,以及收集到数据的不确定性,大尺度上土壤理化性质空间异质性的研究相对较少(刘志鹏,2013)。Wang 等(2010)研究了黄土高原地区土壤干层的空间变异性,结果表明土壤干层深度和厚度受土地利用方式、降雨量、土壤类型和坡度的显著影响。杨艳丽等(2008)研究了区域尺度上土壤全氮、速效磷和速效钾的空间变异及影响因素,研究结果表明土壤养分受土壤类型和成土母质显著影响。Liu 等(2013)在黄土高原布设了 382 个采样点研究了土壤全氮和全磷的空间变异,研究结果表明土地利用方式、降水量和温度显著影响土壤全氮、全磷的空间变异模式。Liu 等(2007)研究了不同尺度下的环境变量对土壤性质的影响,发现地形、土地利用方式和植被显著影响黏粒含量、土壤有机质、全磷等土壤理化性质。此外,Lavee 等(1998)在以色列布设了一条跨越地中海气候和干旱气候的样线,研究结果表明随着干旱程度的增加,有机质含量和团聚体呈逐渐减少的趋势。Pugnaire 等(2006)发现气候条件控制着植物的生长,影响着植物群落的发展。

综上所述,土壤理化性质在不同尺度上呈现不同的空间变异特征,其主要的影响因素也不一样。这些土壤理化性质的空间变异可能会引起土壤侵蚀阻力的空间变异。

1.2.4 土壤侵蚀的空间变异

关于土壤侵蚀的时空变异,邱扬等(2002b)认为:土壤侵蚀的时空变异性是在一定景观内,不同地点、不同时间的土壤侵蚀特征存在显著的多样性和差异性;土壤侵蚀的时空变异性是多个尺度上的气象(降雨)、地形、土壤、植被和土地利用等多个因素综合作用的结果,不同尺度上控制土壤侵蚀的空间变异性的主要因素存在差异。许多研究者对土壤侵蚀的空间变异进行了研究(Li and Fang,2016;卢玉东 等,2005)。史志刚(1996)认为受自然因素和人为因素的影响,土壤侵蚀在地域分布上存在差异。20 世纪 50 年代,学者以黄土高原地区为主要研究对象,开始了我国土壤侵蚀区划研究。黄秉维(1955)采用三级分区(类、区、副区)编制了黄河中下游土壤侵蚀区划图,该分区图简明又突出重点,得到了广泛应用,然而不足之处是土壤侵蚀实测数据匮乏,其他自然社会因素研究较为薄弱。朱显谟提出了土壤侵蚀五级分区方案(地带、区带、复区、区和分区),其依据是黄河中游不同区域尺度的分区要求(郑粉莉 等,2004;朱显谟,1958)。20 世纪 80 年代,全国性的土壤侵蚀区划研究开始展开,辛树帜依据外营力将全国划分为水蚀、风蚀和冻融侵蚀三大类,其中水蚀又进一步划分为 6 个二级区(李锐,2011;唐克丽 等,2004;吴发启和张洪江,2012;辛树帜和蒋德麒,1982)。土壤侵蚀是一个复杂的多维分布参数系统,是众多空间分布因素综合作用的结果(卢玉东和谭钦文,2005)。研究土壤侵蚀空间变异性,对于动态监测、定量评价、规划与治理土壤侵蚀,具有十分重要的理论研究和实践应用价值(卢玉东 等,2005)。

关于土壤侵蚀的空间变异,国内外研究者做了大量的研究。Zhang K. L. 等(2008)分析了分布于中国东部不同侵蚀区的 13 个径流小区的监测数据,研究结果表明中国东部土壤可蚀性的变化范围为 $0.001 \sim 0.04 \text{ t} \cdot \text{h}(\text{MJ} \cdot \text{mm})^{-1}$,黑土、草甸白浆土、黄土和紫色土的土壤可蚀性较强,而砖红土、红土和粗骨褐土的土壤可蚀性较弱。Guo等(2015)利用2 823个径流小区的监测资料,研究了中国土壤侵蚀速率的空间变异,研究结果表明不同土地利用方式下土壤侵蚀速率存在显著差异,西北和东北农耕地的土壤侵蚀速率要显著大于其他地区的土壤侵蚀速率。García-Ruiz等(2015)分析了全球4 000个已发表的实验站点数据,发现尽管土壤侵蚀速率呈现极高的变异性,但详尽的数据分析表明降水和坡度与土壤侵蚀速率正相关;土地利用方式显著影响土壤侵蚀速率,农地的土壤侵蚀速率最大,林地和灌木的土壤侵蚀速率最小。Li和Fang(2016)叙述了全球尺度上气候变化对土壤侵蚀速率的影响,绘制了全球土壤侵蚀速率图。Romero等(2007)研究了安第斯山脉小流域细沟可蚀性和细沟间可蚀性,发现粉粒和极细砂含量最高的土壤最容易被侵蚀,黏土最不容易被侵蚀。Nachtergaele和Poesen(2002)在比利时黄土区研究了土壤侵蚀阻力的时空变异,研究结果表明土壤含水量可以很好地解释土壤侵蚀阻力的时空变异。Laflen等(1991)运用人工降雨实验和放水冲刷实验,研究了美国36种土壤的细沟可蚀性和细沟间可蚀性,研究结果表明土壤侵蚀阻力与土壤质地和土壤有机质显著相关,其测定的土壤侵蚀阻力和细沟间可蚀性构成了WEEP模型的核心数据库。此外,放射性同位素(^{137}Cs、^{210}Pb和^{7}Be)也在土壤侵蚀空间变异的研究中得到广泛应用(王晓燕 等,2003)。^{137}Cs具有经济、快速和准确的特点,且能反映土壤侵蚀沉积的空间格局,在土壤侵蚀研究领域应用广泛(李勇 等,2000)。张信宝等(1989)在黄土高原羊道沟,运用^{137}Cs研究了黄土高原小流域的泥沙来源,并分析了不同地貌单元的土壤侵蚀强度。Ni和Zhang(2007)在四川盆地选取了2个地形序列,用^{137}Cs研究了土壤侵蚀引起的土壤化学性质的空间变异,研究结果表明土壤侵蚀发生在坡面上部,土壤堆积发生在坡面下部;土壤物质沿坡面的再分配,会引起土壤化学性质空间分布模式的变化,不同的土壤化学性质对土壤侵蚀的响应是不同的。

  土壤侵蚀空间变异性是不同尺度上植被、土地利用方式、气候因子、地形和土壤等因素综合作用的结果(江忠善和王志强,1996;邱扬和傅伯杰,2004;邱扬 等,2002b)。①植被对土壤侵蚀空间变异性的影响。植被通过植被盖度和植被过滤带影响土壤侵蚀空间变异性。植被盖度是控制径流和侵蚀的主要因子之一。植物叶冠具有消减雨滴打击力的能力;枯落物覆盖地表,防止雨水直接打击地面,因此能拦蓄径流、控制泥沙;植物根系也具有减轻土壤侵蚀的能力(Wang et al.,2015)。植被过滤带具有拦截水沙、控制污染等作用(许峰和张光远,1999;许峰 等,2000)。刘元保等(1990)研究了坡耕地在沙打旺、麦草、撂荒地三种地表覆盖下防治水土流失的效益,发现沙打旺、麦草和撂荒地分别减少99%、97.97%和84.84%的侵蚀量。②土地利用方式对土壤侵蚀的空间变异的影响。土地利用方式通过土地利用类型、土地管理措施和土地利用格局影响土壤侵蚀空间变异(魏天兴 等,1998;赵焕胤和朱劲伟,1994)。不同的土地利用方式有着不同的近地表和地表特性,从而对土壤侵蚀产生影响。Zhang G. H. 等(2008)研究了农地、草地、灌木、荒地和林地的土壤分离能力,发现农地的土壤分离能力是草地、灌木、荒地和林地土壤分离能力的 2.05、2.76、3.23 和 13.32 倍。合理的水土保持措施可以有效减少土壤侵蚀量,魏天兴等(1998)的研究结果表明水平梯田、水平阶和鱼鳞坑都具有良好的拦蓄泥沙的能力,其中水平梯田作用最大。此外,对于小尺度而言,其气候条件相同,土地利用方式的空间配置、类型组成等土地利用格局特性就成为了主要控制土壤侵蚀的因子之一(Ludwig et al. , 1999;傅伯杰 等,1999)。③气候因子对土壤侵蚀空间变异的影响。降雨是在土壤侵蚀过程中起主导作用的气候因素(Kirkby and Cox, 1995; Kirkby et al. , 1996;唐克丽 等,2004)。土壤侵蚀速率呈现出随着年降雨量的增加而逐渐增加的趋势(García-Ruiz et al. , 2015)。降雨量、降雨强度、雨型和雨滴动能决定着降雨侵蚀力(谢云 等,2000),进而影响降雨对土壤的侵蚀(唐克丽 等,2004;王万中 等,1995;谢云 等,2000;谢云 等,2001)。对于黄土高原而言,周佩华等(1981)指出,大多数降雨不产生径流和侵蚀,严重的土壤侵蚀主要是由少数几次暴雨和大暴雨引起。④地形因子对土壤侵蚀空间变异的影响。地形因子通过坡度、坡长、坡形和坡位影响土壤侵蚀空间变异。坡度因子和坡长因子是影响土壤侵蚀的主要因素,也是通用土壤流失方程重要的输入参数(Liu et al. , 1994; Liu et al. , 2000; McCool et al. , 1987; Smith and Wischmeier, 1957; Zingg, 1940)。就坡向而言,总体上,凸形坡要比凹形坡的土壤侵蚀更为严重。此外,坡位也对土壤侵蚀产生显著影响,在黄土高原丘陵沟壑区,从梁峁顶部沿着梁峁斜坡向下延伸到沟床,随着坡度的逐渐增大,土壤侵蚀的强度也逐渐增大,土壤侵蚀模式从上到下呈现明显的垂直分布特征,依次出现片蚀、细沟侵蚀、浅沟侵蚀和切沟侵蚀(雷阿林 等,2000;刘元保 等,1988;唐克丽,1999;王文龙 等,2003b)。⑤土壤因子对土壤侵蚀空间分布的影响。土壤理化性质(如土壤水分含量、土壤质地、容重等)显著影响土壤侵蚀空间变异性。Li 等(2015a)研究了黄土高原典型坡面土壤分离能力的空间异质性,发现土壤粒径、容重和枯落物是控制土壤分离能力空间异质性的主要因子。土壤侵蚀是多个环境因子综合作用的结果,而且也是一个典型的多尺度的空间变异过程(邱扬和傅伯杰,2004)。研究不同尺度下土壤侵蚀的空间变异并确定其控制因子,对于深刻认识土壤侵蚀机理具有十分重要的意义。

土壤侵蚀模型是土壤侵蚀学科的前沿,也是定量研究土壤侵蚀过程的有效手段,运用土壤侵蚀模型研究土壤侵蚀的空间变异性也成为研究热点(邱扬和傅伯杰,2004;符素华和刘宝元,2002;雷廷武和王全九,1999;穆兴民 等,2016;郑粉莉等,2001)。江忠善和王志强(1996)运用地理信息系统建立了空间信息数据库,并且和土壤侵蚀模型结合,定量计算了小流域的土壤侵蚀空间分布数据,从而研究了小流域内土壤侵蚀空间变异与地貌和土地利用的关系。蔡强国等(1996)根据小流域观测资料和降雨试验模拟资料,建立了适用于黄土高原丘陵沟壑区的侵蚀产沙过程模型,该模型包括坡面、沟坡和沟道三个子模型。尹国康和陈钦峦(1989)通过分析筛选黄土高原 58 个小流域的监测数据,建立了黄土高原小流域地表综合指标和产沙模型,该模型为黄土高原的土壤侵蚀分区及流域综合治理开发提供背景信息。汤立群等(1990)根据不同流域土壤侵蚀和产沙特点,运用泥沙运动力学和水文学的基本理论建立了产沙模型,并用陕北桥沟小流域的实测水沙资料进行了验证,结果表明该模型能够模拟小流域泥沙的时空变化。符素华等(2001)建立了北京山区土壤侵蚀模型,该模型是一个小流域尺度的、与 GIS 相结合的、以次暴雨为基础的分布式模型,该模型能够模拟小流域内土壤侵蚀的空间变异,并评价不同水土保持措施和土地利用方式对水土流失的影响。曾琪明和王洽堂(1996)应用遥感技术调查了密云水库上游的水土流失状况,建立了水土保持地理信息系统,分别按乡和小流域统计分析了土壤侵蚀情况,为水土保持规划和抗洪救灾工作提供理论依据。

1.3 存在的不足

土壤侵蚀问题是全球所面临的主要环境问题之一,制约着人类的生存和经济社会的可持续发展,集中反映了中国各种生态问题。细沟可蚀性和临界剪切力是土壤侵蚀模型重要的输入参数。对土壤侵蚀阻力的研究有利于深化对土壤侵蚀机理的认识。众多研究者对于影响土壤分离能力的坡面流水动力学参数作了大量研究,并取得了较为丰富的研究成果。对于影响土壤分离能力和土壤侵蚀阻力的土壤理化性质、根系、土地利用方式等,不同尺度下土壤理化性质的空间变异以及土壤侵蚀的空间变异,也做了较多的研究。然而关于土壤侵蚀阻力的许多重要科学问题仍需要进一步探讨,具体表现在以下 4 个方面:

(1) 仅有少量研究涉及土壤分离能力和土壤侵蚀阻力的空间变异。土壤分离能力和土壤侵蚀阻力的空间变异(尤其中、大尺度上)及其影响机制研究较少。

(2) 不同尺度下土壤分离能力和土壤侵蚀阻力的空间变异及其影响机制不甚了解。

(3) 土壤侵蚀阻力与土壤理化性质的关系,尚存在争议。如细沟可蚀性与土壤黏粒、粉粒含量的关系,临界剪切力与土壤理化性质的关系等。

(4) 细沟可蚀性和临界剪切力的关系存在较大争议,有些研究成果甚至截然相反。

第 2 章

研究内容与方法

2.1 研究目标

本书针对土壤侵蚀阻力研究存在的问题和不足,选择小流域(小尺度)、黄土高原(中尺度)和中国东部水蚀区(大尺度)3个研究尺度,通过野外调查、实地采样、土壤样品制作、原状冲刷、扰动土冲刷和数据分析等步骤,研究不同尺度下土壤分离能力和土壤侵蚀阻力空间变化及其影响因素,进而建立土壤侵蚀阻力的模拟方程,为深化对土壤侵蚀机理的认识和建立不同尺度的土壤侵蚀过程模型提供数据支持和理论依据。

2.2 研究内容

本书选取黄土高原丘陵沟壑区纸坊沟小流域、黄土高原和东部水蚀区为研究对象,研究了不同尺度上的土壤侵蚀阻力空间变化及影响因素。具体的研究内容如下。

(1) 小流域(小尺度)土壤侵蚀阻力的空间变异及其影响因素

在黄土高原纸坊沟小流域内,依次从坡上到坡下选取6个地貌单元——坡面顶部、坡面上部、坡面中部、坡面下部、切沟底部和沟谷底部,土地利用类型全为演替中后期的草地,在小流域尺度上研究不同地貌单元条件下土壤分离能力和土壤侵蚀阻力的空间变异及其影响因素。

(2) 黄土高原(中尺度)土壤侵蚀阻力的空间变异及其影响因素

在黄土高原沿降雨量梯度布设7个采样点,每个采样点采集农地、草地和林地3种土地利用类型的原状土,在中尺度上研究土壤分离能力和土壤侵蚀阻力的空间变异及其影响因素。

(3) 东部水蚀区(大尺度)土壤侵蚀阻力的空间变异及其影响因素

以1:4 000 000土壤类型图和第二次全国土壤普查的土壤质地数据为基础,在中国东部水蚀区布设36个采样点,采集扰动土。将采样土运回实验室,定容重制作扰动土样。通过对36种扰动土样的冲刷,研究大尺度上土壤分离能力和土壤侵蚀阻力的空间变异及其影响因素。

2.3 研究方法

2.3.1 土壤分离能力测定

土壤分离能力的测定在一个长 4 m、宽 0.35 m(中国科学院安塞水土保持综合试验站)或 0.4 m(北京师范大学房山综合实验基地)、深 0.3 m 的水槽中进行(图 2-1)。水槽底部为 5 mm 厚的塑料板,水槽上端带有一个深度为 40 cm 的消能池。水槽上端的高度可以通过滑轮调节,使得水槽的坡度在 0~30°范围内变化。供水系统由 5 m³ 的蓄水池、水泵、阀门组、分水箱、沉沙池和管道组成。通过阀门组的调节,可使水槽内流量在 0~40 m³·h⁻¹ 范围内变化(张光辉,2002)。用油漆(黄色)把过 2 mm 筛的实验土样粘到水槽表面,以模拟自然条件下地表的粗糙度。水流流速通过高锰酸钾溶液滴定来测定。通过测定高锰酸钾溶液通过水槽出口上端 2.6 m 处以下 2 m 长测速区所用的时间,来测定流速。在测定流速的同时测定水温。每组坡度和流量组合下测定 48 次,取平均值,计算得到表面最大流速,乘以修订因子得到平均流速,如果水流为紊流则乘以 0.8,如果是过渡流则乘以 0.70,如果是层流则乘以 0.67(Luk and Merz,1992)。水流深度用平均流速来计算:

$$h = \frac{Q}{VB} \tag{2-1}$$

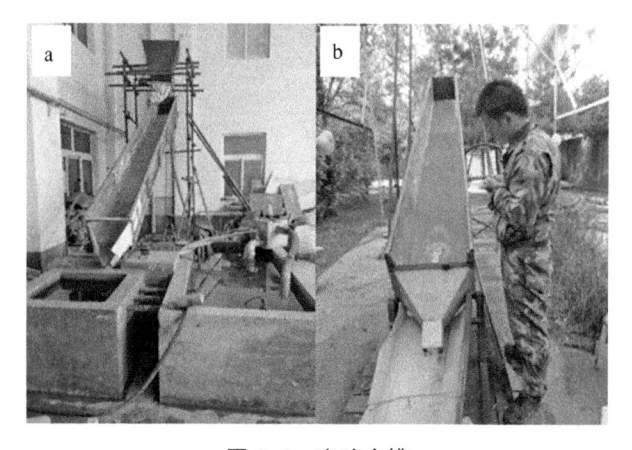

图 2-1 实验水槽

(注:a 为房山站实验水槽,b 为安塞站实验水槽)

式中：Q 为流量($m^3 \cdot s^{-1}$)，V 为流速($m \cdot s^{-1}$)，B 为水槽宽度(m)。水流剪切力可由公式(1-6)计算，水流功率可由公式(1-8)计算。不同坡度和流量的组合可以得到不同的剪切力，小流域尺度和黄土高原尺度使用6组剪切力，在安塞实验站水槽内进行测定；东部水蚀区采用9组剪切力在房山试验站水槽内进行土样冲刷。小流域、黄土高原和东部水蚀区冲刷试验的详细水动力学参数见表2-1。

表2-1 小流域、黄土高原和东部水蚀区冲刷试验的水动力参数

尺度	坡度(°)	流量($L \cdot s^{-1}$)	平均流速($m \cdot s^{-1}$)	水深(mm)	水流剪切力(Pa)	水流功率($kg \cdot s^{-3}$)
小流域	10	1	1.05	2.71	4.61	4.86
	10	2	1.33	4.31	7.33	9.72
	15	2	1.48	3.87	9.82	14.49
	25	1.5	1.68	2.55	10.56	17.75
	25	2	1.85	3.10	12.82	23.67
	25	2.5	1.99	3.59	14.85	29.58
黄土高原	10	1	0.93	3.07	5.23	4.86
	10	2	1.22	4.68	7.96	9.72
	15	2	1.35	4.23	10.72	14.49
	25	1.5	1.44	2.97	12.30	17.75
	25	2	1.62	3.52	14.60	23.67
	25	2.5	1.79	3.99	16.51	29.58
东部水蚀区	10	0.5	0.67	1.97	3.35	2.24
	10	1	0.87	3.04	5.17	4.48
	10	2	1.17	4.49	7.65	8.96
	15	0.5	0.75	1.75	4.43	3.34
	15	1	1.00	2.62	6.65	6.67
	15	2	1.35	3.90	9.89	13.35
	20	0.5	0.81	1.62	5.43	4.41
	20	1	1.10	2.38	7.99	8.82
	20	2	1.53	3.43	11.51	17.64

试验前,将坡度和流量调节到设计值,将晾置过的土壤样品放置在位于水槽出口上端 0.6 m 处的土样室内,保持水槽底部与土样齐平,随即开始冲刷试验。当冲刷深度超过 2 cm,水流中将会出现湍流,因此当土壤冲刷深度约为 2 cm 时,停止试验,将土样取出,其目的是减小边壁效应,防止土样的不均匀冲刷(Nearing et al., 1991; Zhang et al., 2003)。此外,当冲刷时间大于 5 min 时,也要将土样取出。将冲刷后的土样放置在烘箱中,以 105℃烘干 24 h 后称重。每组剪切力测定 5 个重复,取平均值作为该剪切力下的土壤分离能力。土壤分离能力可以用下式计算:

$$D_c = \frac{M_0 - M_f}{At} \qquad (2-2)$$

式中:M_0 是原土样干重(kg),可以根据采样时的土壤含水量进行计算;M_f 为冲刷后的土样干重(kg);A 为环刀土样表面积(m^2);t 为冲刷用时(s)。细沟可蚀性和临界剪切力可用公式(1-27)进行计算。

2.3.2 土壤理化性质测定

2.3.2.1 土壤含水量

测定土壤含水量的目的是计算土样冲刷前的原土样干重。对于小流域和黄土高原尺度的土壤含水量土样的采集,要与土壤分离能力土样的采集同时进行,以最大限度避免因水分蒸发而引起的土样干土重的计算误差。用不锈钢小环刀(高 5.1 cm、直径 5 cm)采样 0~5 cm(与土壤分离能力土样深度相同)表层土样(6 个重复),再将小环刀内土壤放入塑封袋中,放置阴凉处,避免阳光直晒。将土样运回实验站后,及时称重,再将塑封袋中的土样在 105℃下烘干 24 h,计算土壤含水量,将 6 个重复的土壤含水量的平均值作为该样地的土壤含水量。对于东部水蚀区的风干土样,在扰动土样制作之前,将过 2 mm 筛的土样充分混合,用小铝盒取 8 个重复土样,放置在烘箱中,以 105℃烘干 24 h,分别计算 8 个重复的土壤含水量,运用其平均值计算装填风干土样重量以及加水量。在风干土壤含水量测定时要对风干土样进行密封处理,以保证土壤含水量测定期间土壤水分的恒定。

2.3.2.2 土壤质地

采集小流域、黄土高原和东部水蚀区的土样时,要按照"S"形进行采样。每个"S"形至少包含 6 个点,在进行表层土壤(0~5 cm)土样的采集后,将这 6 个点的土样充分混合,并自然风干,以用于土壤质地的测定。待土样风干后,将风干土过 2 mm 筛。

取 2 mm 筛土一勺(约 0.5 g),加入双氧水 10 mL(未稀释原溶液),用以去除有机质,静置一天(24 h)后,加入蒸馏水,再静置 4 h,此时溶液应变得澄清。去除液体表面杂质，加入 250 mL 蒸馏水，经过一天(24 h)的静置后，小心翼翼地移出多余的蒸馏水。将剩余溶液缓慢地导入 1 000 mL 的大烧杯中，再向 1 000 mL 大烧杯中缓慢注入 800 mL 蒸馏水。开启激光粒度分析仪，该激光粒度仪的型号为 Mastersizer 2000 (图 2-2)，将仪器搅拌的速度设置为 2 300 r·min^{-1}，遮光度范围控制在 20%~30%之间，分散时间为 20 s。每个土样重复测定 3 次。

图 2-2 本实验用激光粒度仪

2.3.2.3 容重

用容积为 100 cm³ 的不锈钢环刀(高 5.1 cm、直径 5 cm)取 0~5 cm 表层土壤，使土壤充满环刀。每个样地，在土壤分离能力样品采集地周围采集 4 个重复。将环刀内土样移入塑封袋中，运回试验站。将塑封袋中的土样移入蒸发皿，在移土样的过程中，务必要避免土样撒到蒸发皿外面。将土样放置于烘箱中，在 105℃下烘干 24 h，取 4 个重复的平均值，作为该样地的容重值。

2.3.2.4 黏结力

使用微型黏结力仪测定样地的黏结力，该黏结力仪为荷兰进口的仪器。在实验样地上，选取有代表性的平地，剪去草类，用喷壶缓慢喷湿地表，在喷壶喷湿的过程中要避免水滴对土壤表面的直接打击，直至地表达到饱和为止。然后将黏结力仪的叶轮以合适的力垂直插入土壤，在向下压入叶轮的过程中要避免叶轮的晃动对表层土壤造成扰动，用右手顺时针方向转动黏结力仪，黏结力仪上的小铁柱将带动黏结力指针转动，当黏结力仪的扭力大于土壤的黏结力最大值时，黏结力指针被小铁柱带到最大值，叶轮于是开始转动，叶轮转动停止后，黏结力指针所指向的数字盘的数值即为该样地本次所测定的黏结力，每个样地重复测定 10 次，取 10 个重复的平均值。

2.3.2.5 团聚体

对于小流域和黄土高原尺度的样地，要进行水稳性大团聚体的测定。用铁铲铲去表层土壤(0~5 cm)，采样时的湿度要求为不粘铁铲。在土壤分离能力土样采集点周围，用铁质或铝质饭盒采集 3 个有代表性的原状土样，运回实验室。在运输过程中要尽量避免土样的扰动，然后将土块轻轻掰成 10~12 mm 的土块，摊平，避免阳光直晒，使其自然风干。

待土样完全风干后,使其过孔径为 10 mm、7 mm、5 mm、3 mm、2 mm、1 mm、0.5 mm、0.25 mm 的筛子。分别称重留在各孔径上的干团聚体,计算各孔径干团聚体所占百分比,并依据该百分比把各孔径上团聚体配成 3 份 50 g 的土样。

本书研究中采用的湿筛分析仪为 FT-3 型电动团聚体分析仪,湿筛的孔径为 5 mm、3 mm、2 mm、1 mm、0.5 mm 和 0.25 mm。把湿筛组升到最高处,向桶内缓慢注入水,直至水面高于筛面 1 cm 为止。将配好的 50 g 土样用喷雾器进行湿润,避免向土样直接喷水。待其完全湿润后,将之放入水中,震荡 30 次,把湿筛组取出,用清水洗出各孔径上的团聚体,烘干后称得每个孔径湿筛团聚体的重量(Yoder,1936),依据各孔径的直径和孔径上团聚体干土重计算水稳性团聚体百分比(WSA)或平均质量粒径(MWD)(Amezketa,1999;Bissonnais,1996;Kemper and Rosenau,1986),取 3 个团聚体测定的平均值作为该采样点的团聚体值。

2.3.2.6 土壤 pH 值

将风干土样过 2 mm 筛,称取自然风干土 10.0 g,放入 50 mL 烧杯中,加 25 mL 去 CO_2 水,放在搅拌器上搅拌 1 min,使土粒与水充分混合,静置 30 min 后测定。将 pH 玻璃电极(PHS-3B)插入待测液(玻璃电极球泡下部应位于土液交界处),轻轻摇动烧杯,目的是去除电极上的水膜,使其快速平衡,待读数稳定后记下此时的 pH 值(要求 5 s 内 pH 值变化范围控制在 0.02 以内)。每个土样重复测定两次,取 2 个重复的平均值作为该土样的 pH 值。

2.3.2.7 电导率

称取通过 1 mm 筛的自然风干土样 20.00 g,放入 250 mL 的三角瓶中,向三角瓶中加入 100 mL 蒸馏水,使水土比达到 5∶1,搅拌 5 min,过滤后得到土壤浸出液。吸取该土壤浸出液 30 mL 于 50 mL 的小烧杯中,测定小烧杯中该溶液的温度,然后用电导率仪(Senstontm5)测定,记下读数,每个土壤样品测定 2 次,取平均值。

2.3.2.8 交换性钾钠钙镁

称取通过 2 mm 尼龙筛的风干土 2.0 g,放入离心管(100 mL)中,用胶头滴管小心翼翼地向离心管中加入少量乙酸铵溶液(1 mol·L^{-1}),然后再用玻璃棒(带橡皮头)轻轻搅拌离心管中土样,使土样与 1 mol·L^{-1} 的乙酸铵溶液充分混合均匀,最终使离心管中土样成为均匀泥浆状态。再向离心管中加入乙酸铵溶液,使离心管中的溶液总体积达到 60 mL,充分搅拌均匀。放入离心机中,以 3 000~4 000 r/min 的转速离心 3~5 min。将离心后的上清液倒入 250 mL 的容量瓶中。重复此步骤 3 次后,用乙酸铵溶液定容。待测液用电感耦合等离子体光谱仪(ICP-

AES)来测定交换性的钾钠钙镁,每个土壤样品重复测定 2 次,取平均值(鲍士旦,2000)。

2.3.2.9 游离的氧化铁铝(连二亚硫酸钠-柠檬酸钠-碳酸氢铵)

称取通过 0.25 mm 尼龙筛的风干土 1.0 g,放入离心管中,再加入 20 mL 柠檬酸钠溶液(0.3 mol·L^{-1})和 2.5 mL 重碳酸氢钠溶液(1 mol·L^{-1}),水浴加热至 80℃,用称量纸称量 0.5 g 左右连二亚硫酸钠加入溶液中,不断搅动,搅动时间约为 15 min。将装有溶液的离心管放置在实验台上冷却,冷却后在离心机中(2 000~3 000 r·min^{-1})进行离心分离。如果溶液分离不清,加饱和氯化钠溶液 5 mL。将离心管中清液倒入 50 mL 容量瓶中,重复测定 1 次,经过此步骤之后,离心管中的残渣的颜色应呈现出浅灰色或灰白色。然后向离心管中轻轻加入适量氯化钠溶液(1 mol·L^{-1}),这样做的目的是洗涤离心管中的残渣,重复此步骤 2 次。洗液全都倒入同一的 250 mL 容量瓶中,加蒸馏水定容至 250 mL。待测液用电感耦合等离子体光谱仪(ICP-AES)进行测定游离的氧化铁铝。每个土壤样品重复测定 2 次,取平均值(何群和陈家坊,1983)。

2.3.2.10 阳离子交换量(乙酸铵交换法)

向将测定交换性的钾钠钙镁离心后的土样中加入少量的乙醇(950 mol·L^{-1}),使其成为泥浆状态,再加入约 60 mL 的乙醇(950 mol·L^{-1})。放在离心机内,以转速 3 000~4 000 r·min^{-1} 离心 3~5 min,舍去离心管中的酒精溶液。重复此步骤 3~4 次。洗净多余铵根离子后,用蒸馏水冲洗离心管外壁,加入少量的蒸馏水使其成为泥浆状态,将土样全部洗入 150 mL 的凯氏瓶中,水的体积的范围应控制在 50~80 mL。加入 1 g 氯化镁和 2 mL 石蜡于凯氏瓶,并立即将凯氏瓶放在蒸馏装置上。将装有 25 mL 硼酸指示剂吸收液(20 g·L^{-1})的锥形瓶,放在有缓冲管连接的冷凝管下端。待水沸腾后,打开螺丝夹,蒸汽通入后,小心翼翼摇动凯氏瓶,目的是使凯氏瓶内溶液充分混合均匀。开启电炉电源,使冷凝系统水流连通。小心翼翼调节蒸汽气流的流速,让其协调一致,当馏出液体积达到 80 mL,蒸馏时间达到 20 min 后,应用甲基红-溴甲酚检查氨是否完全蒸馏。当甲基红-溴甲酚混合溶液为紫红色时,表示蒸馏完全。把缓冲管连同锥形瓶一起拿下去,用蒸馏水冲洗缓冲管内外壁,洗净后,用盐酸标准溶液滴定。每次测定土样的同时,需要做空白试验,每种土样重复测定 2 次,取平均值。阳离子交换量可用下式计算:

$$Q^+ = \frac{c \times (V - V_0)}{m_1} \times 100 \qquad (2-3)$$

式中: Q^+ 为阳离子交换量(cmol·kg^{-1}), c 为盐酸标准溶液的浓度(mol·L^{-1}),

V 为盐酸标准溶液的用量(mL)，V_0 为空白试验标准溶液用量(mL)，m_1 为烘干土样质量(g)。交换性钠百分比可由交换性钠与阳离子交换量之比算得。

2.3.2.11　土壤有机质测定(重铬酸钾容量法)

土壤有机质土样的采集要求按照"S"形采样，每个"S"至少包含 6 个点的表层土壤(0～5 cm)，把这 6 个点的土壤样品充分混合后，放置在阴凉处，自然风干后，过 0.25 mm 筛。

在分析天平上称取通过 0.25 mm 的土壤样品 0.1～0.5 g(称取土壤的重量根据土壤有机质含量而定，自然土壤表层土应为 0.15～0.20 g，农地表土层应为 0.25～0.3 g)，放在称量纸的一端，然后用称量纸将土样小心翼翼地装入直径 18 mm、高 180 mm 的硬质试管的底部。注意土样勿粘在试管壁上。

用吸管吸取 10 mL 的重铬酸钾-硫酸溶液(0.4 mol·L^{-1})，小心翼翼移进盛有土样的硬质试管中，然后将盛有溶液和土样的试管安插在用铁丝扎成的铁笼中。将一个小漏斗放在试管口上，以冷凝蒸出的水蒸气，减少蒸发。由于浓硫酸会将大量的热量释放出去，使试管具有较高的温度，因此应趁热将装有试管的铁丝笼放入油浴锅中进行消煮。

开启油浴锅，加热油浴锅中的油质使其温度上升到 185～190℃，将放有试管的铁丝笼放入油浴中，小心翼翼转动或摇动铁丝笼几次，使油浴锅中的油质温度均匀，此时油浴锅中的油质温度下降至 170～180℃，一定要严格控制这个温度范围，计时开始时间定为试管内液体翻滚沸腾的时刻，液体的沸腾时间应严格控制在 5 min，否则就会导致土壤有机质的测定结果出现较大的误差。加热时间到达后，立即将铁丝笼从油浴锅中提出，稍微在油浴锅上方停止一段时间，这样做的目的是使油质沿试管壁流下。之后将装有试管的铁笼放在铁盘中，用吸油性能好的纸擦去试管表面油质，如果溶液颜色带绿色或呈黄橙色，则表明溶液消煮充分，若溶液颜色以绿色为主，则表明重铬酸钾用量不足，消煮不充分，此次试验失败，应当重做。

采用倾斜法向 250 mL 的三角瓶中倒入试管中的消煮液，使三角瓶中洗液体积保持在 60～70 mL，并放置在试验台上充分冷却。加入 3 滴邻菲罗啉指示剂，摇动三角瓶使指示剂充分混合均匀，用 FeSO$_4$ 溶液(0.2 mol^{-1}·L)滴定，当三角瓶内溶液颜色变化呈橘黄—草绿—深绿—棕红色时，达到 FeSO$_4$ 溶液滴定终点，停止 FeSO$_4$ 溶液的滴定，记录此时消耗的 FeSO$_4$ 用量，每个土样做 2 个重复，取平均值。

每次测定土壤有机质含量的同时，需要同时做上空白试验(2～3 个)，要求空白试验对象不含有有机质，一般土样的替代品为高温灼过的土壤或纯石英砂，其实验步骤和土壤有机质的测定步骤相同，求出滴定溶液所需 FeSO$_4$ 溶液(0.2 mol·L^{-1})

的用量。

土壤有机质含量可用下式计算：

$$土壤有机质含量 = 1.724(V_0 - V)C \times 0.003 \times 1.1 \times 100/m \quad (2-4)$$

式中：1.724 为土壤有机碳转换为土壤有机质的换算系数；V_0 为高温灼过的土壤或纯石英砂空白测定实验所消耗的 $FeSO_4$ 标准液（$0.2\ mol \cdot L^{-1}$）的体积；V 为样品土壤有机质测定实验所消耗的 $FeSO_4$ 标准溶液（$0.2\ mol \cdot L^{-1}$）的体积；C 为 $FeSO_4$ 标准溶液的浓度，m 为风干土质量(g)。

2.3.2.12 植物根系质量密度

用测定土壤分离能力的环刀取根系密度土样，在采集土壤分离能力土样的同时，用环刀随机取 5 个土壤样品用于根系质量密度的测定。根系密度样品与土壤分离能力样品一样要经过泡水、晾置等环节，然而根系密度样品不需要进行冲刷实验。待冲刷实验结束后，将植物根系密度土样与土壤分离能力土样一同放进烘箱中，以 105℃烘干 24 h。待根系密度土壤完全烘干后，用 2 mm 网筛进行洗根步骤，去除枯落物、石子等杂物。将附着在根系上的泥土完全清洗干净后，放入信封内。然后将信封放入烘箱中以 65℃烘干 24 h。然后用分析天平进行称量，取 5 个重复的平均值，用于该样地根系质量密度的计算。

2.4 数据分析

本书分析了小流域（小尺度）、黄土高原（中尺度）和东部水蚀区（大尺度）这三个尺度上的土壤分离能力和土壤侵蚀阻力的空间变异，建立不同尺度下土壤分离能力和土壤侵蚀阻力的模拟方程。

本书使用 Excel 2010 进行数据的输入和管理，使用 SPSS 18.0 进行相关分析、单因素方差分析、多因素方差分析、线性拟合、非线性拟合等统计分析，使用 Origin 8.5 进行绘图，使用 Arcmap 10.2 进行空间插值和地图的制作。

2.5 技术路线图

本书综合以上小流域（小尺度）、黄土高原（中尺度）和中国东部水蚀区（大尺度）的研究内容和研究方法，确定了以下技术路线图（图 2-3）。

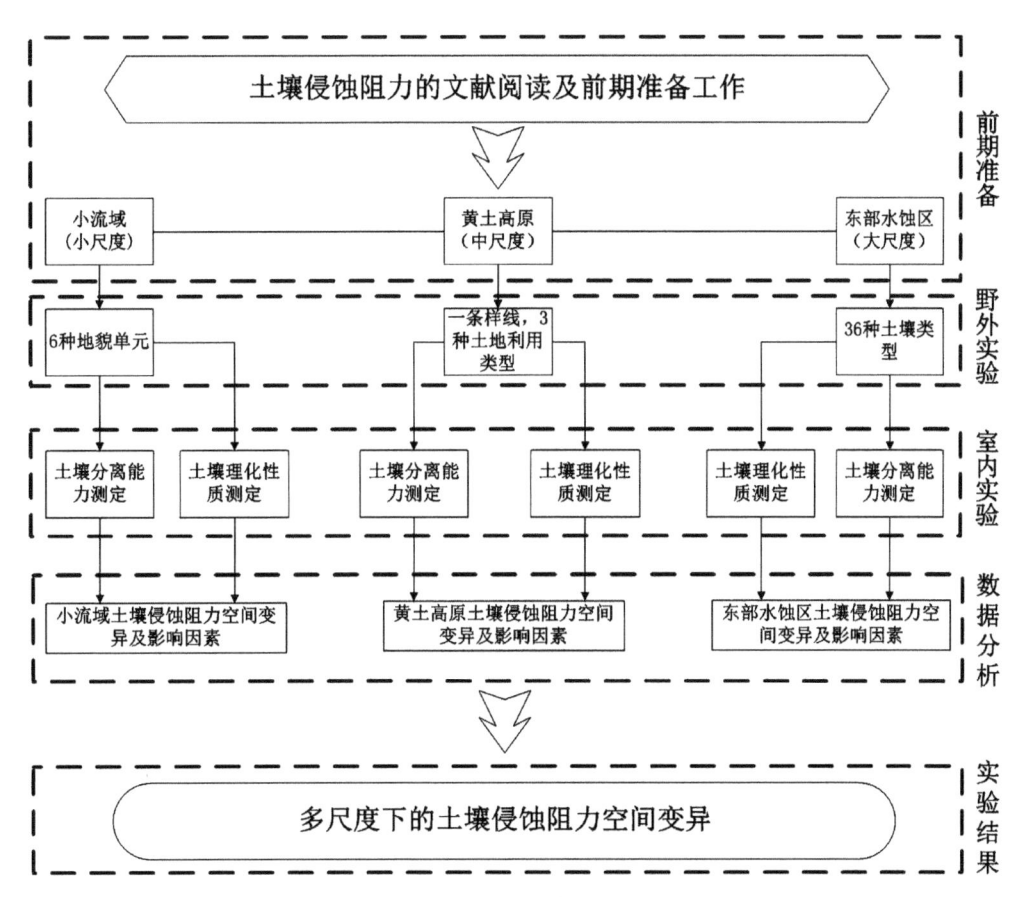

```
┌─────────────────────────────────────────────────────────────┐
│              土壤侵蚀阻力的文献阅读及前期准备工作              │   前
│                            ⇩                                │   期
│   ┌──────────┐       ┌──────────┐       ┌──────────┐        │   准
│   │ 小流域   │───────│ 黄土高原 │───────│东部水蚀区│        │   备
│   │(小尺度)  │       │(中尺度)  │       │(大尺度)  │        │
├───┴──────────┴───────┴──────────┴───────┴──────────┴────────┤
│   ┌──────────┐       ┌──────────┐       ┌──────────┐        │   野
│   │6种地貌单元│──┐   │一条样线,3│   ┌──│36种土壤类│        │   外
│   │          │  │   │种土地利用│   │  │型        │        │   实
│   │          │  │   │类型      │   │  │          │        │   验
│   └──────────┘  │   └──────────┘   │  └──────────┘        │
├─────────────────┼──────────────────┼─────────────────────────┤
│  ┌────┐ ┌────┐  │  ┌────┐ ┌────┐   │  ┌────┐ ┌────┐        │   室
│  │土壤│ │土壤│  │  │土壤│ │土壤│   │  │土壤│ │土壤│        │   内
│  │分离│ │理化│  │  │分离│ │理化│   │  │理化│ │分离│        │   实
│  │能力│ │性质│  │  │能力│ │性质│   │  │性质│ │能力│        │   验
│  │测定│ │测定│  │  │测定│ │测定│   │  │测定│ │测定│        │
│  └────┘ └────┘  │  └────┘ └────┘   │  └────┘ └────┘        │
├─────────────────┴──────────────────┴─────────────────────────┤
│  ┌──────────────┐  ┌──────────────┐  ┌──────────────┐       │   数
│  │小流域土壤侵蚀│  │黄土高原土壤侵│  │东部水蚀区土壤│       │   据
│  │阻力空间变异及│  │蚀阻力空间变异│  │侵蚀阻力空间变│       │   分
│  │影响因素      │  │及影响因素    │  │异及影响因素  │       │   析
│  └──────────────┘  └──────────────┘  └──────────────┘       │
└─────────────────────────────────────────────────────────────┘
                              ⇩
┌─────────────────────────────────────────────────────────────┐   实
│              多尺度下的土壤侵蚀阻力空间变异                  │   验
│                                                             │   结
└─────────────────────────────────────────────────────────────┘   果
```

图 2-3 研究技术路线图

第 3 章

小流域尺度土壤侵蚀阻力空间变异

3.1 实验方法

3.1.1 研究区概况

本实验选取的小流域为纸坊沟小流域,位于陕西省安塞县境内,地处延河中上游,属于黄土高原丘陵沟壑区第二副区(耿韧等,2014a)。流域把口站控制面积为 8.27 km², 流域呈现出沟谷密集、侵蚀沟发育充分、地形起伏大、土壤侵蚀强烈等典型梁峁状黄土地貌形态(耿韧等,2014c)。纸坊沟小流域气候为典型的半干旱大陆性气候,年平均气温为 8.8℃,最低气温出现在 2 月(−23.6℃),最高气温出现在 7 月(36.8℃)。年降水量变化剧烈,其均值为 505 mm,70% 的降雨以短暴雨的形式集中于 7—9 月。无霜期为 157 天。纸坊沟流域主要土壤为黄绵土,质地均一,颗粒组成以粉粒为主,其含量为 53.9%~74.8%,土壤黏粒含量为 16%~26%,有机质含量低,结构疏松,土性软绵,极易被分离和搬运。纸坊沟流域位于森林带的北部边缘,在植被区划上属于森林草原带,半旱生的草灌类为纸坊沟流域主要天然植被,由于人类活动的影响,天然森林已经绝迹。自 20 世纪 70 年代以来,人们开展了对纸坊沟小流域的综合治理,重点是造林种草,刺槐、旱柳、杨树、苹果、枣、柠条、沙棘、沙打旺、苜蓿等为主要植物种类(耿韧等,2014b),现今纸坊沟小流域植被覆盖率得到大幅提升,初步形成了高效益、多树种、多林种的良性生态系统循环模式。

3.1.2 采样点布设

黄土高原丘陵沟壑区地貌可以划分为沟间地和沟谷地(姚鲁烽和王英杰,2016;罗来兴,1956)。沟间地和沟谷地之间存在明显的边界,即沟缘线,沟缘线以上的部分为沟间地,沟缘线以下的部分为沟谷地(闾国年 等,1998;汤国安 等,2005;肖晨超和汤国安,2007;张磊 等,2012)。沟间地从上到下随着坡度的增大,可划分为梁峁坡面上部、梁峁坡面中部和梁峁坡面下部三个部分;沟谷地可划分为谷坡和谷底(Xiong et al., 2014; Zheng et al., 2005; 甘枝茂,1980; 王文龙 等,

2004;肖培青 等,2009)。综合以上黄土高原丘陵沟壑区地貌类型的划分,本章研究从上到下选取了6个地貌单元采样点:坡面顶部、坡面上部、坡面中部、坡面下部、切沟底部和沟谷底部。鉴于小流域草地广泛分布,本研究选取处于相同演替阶段的草地作为采样点(Zhang et al.,2016)。此外由于黄土高原地形支离破碎,且土地利用斑块化,几乎不可能找到一个具有以上6种地貌单元且处于同一土地利用类型的坡面(Chen et al.,2001;Fu et al.,2006;Li et al.,2015b)。因此,经过详细的野外调查后,选择了18个采样点(图3-1),每个地貌单元有3个重复,用3个重复的平均值来反映6种地貌单元从坡上到坡下的变化趋势。每个地貌单元的海拔、坡度和土壤类型尽量保持一致,目的是消除这些因素对土壤侵蚀阻力的影响。此外,鉴于生物结皮在减弱土壤分离能力方面的巨大作用,采样要回避生物结皮(Knapen et al.,2007b;Liu et al.,2015)。小流域各采样点的基本信息见表3-1。

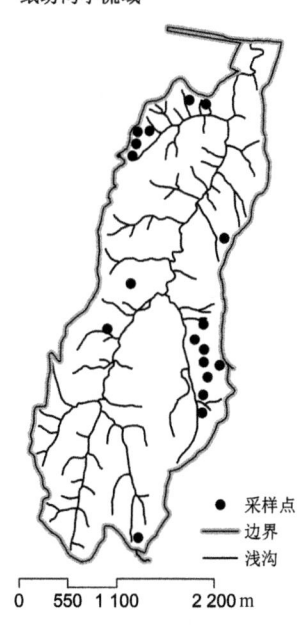

图3-1 纸坊沟小流域采样点分布示意图

表3-1 纸坊沟小流域采样点基本信息

采样点	海拔(m)	坡度(%)	坡向(°)	盖度(%)	主要植物种类
坡面顶部1	1 118	0	0	10	长芒草,芨芨草
坡面上部1	1 203	22	15	15	长芒草,艾蒿
坡面中部1	1 265	16	310	25	长芒草,茵陈蒿
坡面下部1	1 264	16	315	40	长芒草,茵陈蒿
坡面顶部2	1 270	0	0	13	长芒草,艾蒿
坡面上部2	1 264	11	200	15	长芒草,米口袋
坡面顶部3	1 276	0	0	15	长芒草,芨芨草
沟谷底部1	1 196	0	0	95	华扁穗草,艾蒿
切沟底部1	1 174	0	140	75	长芒草,艾蒿
沟谷底部2	1 166	0	0	90	华扁穗草,艾蒿

续表

采样点	海拔(m)	坡度(%)	坡向(°)	盖度(%)	主要植物种类
坡面上部3	1 339	11	140	15	米口袋,长芒草
沟谷底部3	1 187	0	0	98	华扁穗草,艾蒿
坡面下部2	1 248	12	270	40	茵陈蒿,长芒草
坡面中部2	1 211	46	23	28	蒲公英,长芒草
切沟底部2	1 190	16	260	78	早熟禾,艾蒿
切沟底部3	1 270	44	240	81	早熟禾,艾蒿
坡面下部3	1 273	34	210	19	长芒草,茵陈蒿
坡面中部3	1 206	53	235	15	长芒草,茵陈蒿

3.1.3 土样采集

小流域(小尺度)采集原状土。在采样点选择一块无生物结皮的平地,用毛刷扫去表层的枯落物,用剪刀剪去草本植物的地上部分。然后将高为 5 cm、直径为 10 cm 的环刀,轻轻压入土壤中,用剖面刀削去四周的土壤[图 3-2(a)],直至土壤表层与环刀齐平[图 3-2(b)]。在向下压环刀的过程中,要保证环刀内土壤不能受到扰动。然后,将环刀挖出,将环刀翻转,用剖面刀轻轻削去多余土壤[图 3-2(c)],用剪刀剪去多余的根系,直至土层与环刀底面齐平为止。垫上棉布(以减小震动),盖上底盖和顶盖,再裹上塑料方便袋,缠上胶带[图 3-2(d)],这样既可以固定环刀,减少在搬运过程环刀内土壤样品的扰动,又可以减少环刀内土壤水分蒸发。小流域尺度,一共采集 540 个土样用于土壤分离能力测定(6 个地貌单元×3 个地貌单元重复×6 个剪切力×5 个水流剪切力重复)。

将土样小心运回实验室,在运输过程中要避免土样的震动,然后及时对环刀进行称重,以避免水分因蒸发而受到损失。为得到相同的土壤前期含水量,将称完重量的环刀放入铁盆中,缓慢多次(4 次)注入清水,直至水面低于环刀顶部 0.5 cm。浸泡 12 h 后,将环刀放在木架上晾置 12 h,用于后期的土样冲刷实验。在土壤分离能力样品采集的同时,采集 6 个测定土壤含水量的样品,用于土壤样品冲刷前干土重计算。记录各采样点的经度、纬度、坡向、植物种类、植被盖度等信息。为了解释土壤分离能力和土壤侵蚀阻力的影响因素,还应测定土壤质地、容重、黏结力、团聚体、土壤有机质等相关参数。具体土壤理化性质的测定方法见第二章研究方法部分。各采样点土壤理化性质的统计特征值见表 3-2。

图 3-2　土壤分离能力样品采集过程

表 3-2　小流域尺度土壤分离能力、土壤侵蚀阻力、土壤理化性质和根系质量密度的统计特征值

变量	土壤分离能力 ($kg \cdot m^{-2} \cdot s^{-1}$)	细沟可蚀性 ($s \cdot m^{-1}$)	临界剪切力 (Pa)	黏粒(%)	粉粒(%)	砂粒(%)
最小值	0.00	0.000 5	1.08	9.14	51.34	27.73
最大值	1.13	0.21	6.70	12.76	59.73	38.47
均值	0.39	0.09	4.83	11.00	56.05	32.95
标准差	0.34	0.08	1.48	1.01	2.80	3.45
变异系数	0.87	0.88	0.31	0.09	0.05	0.10
偏度	0.75	0.44	−1.37	0.06	−0.25	−0.02
峰度	−0.30	−1.39	1.76	−0.58	−1.21	−1.34

变量	中值粒径 (μm)	容重 ($kg \cdot m^{-3}$)	黏结力 (kPa)	团聚体 (0~1)	有机质 ($g \cdot kg^{-1}$)	根系质量密度 ($kg \cdot m^{-3}$)
最小值	30.73	1 100.81	9.86	0.40	7.30	0.34
最大值	37.62	1 420.91	15.44	0.76	27.64	6.37
均值	33.91	1 246.69	12.35	0.58	12.77	2.00
标准差	2.09	92.36	1.66	0.12	4.96	2.03
变异系数	0.06	0.07	0.13	0.21	0.39	1.02
偏度	0.15	0.35	0.60	−0.22	1.63	1.19
峰度	−0.94	−0.81	−0.67	−1.02	3.73	−0.09

3.2 土壤分离能力空间变异

3.2.1 空间变异

(1) 地貌单元对土壤分离能力的影响

从表3-2中可以看出,18个采样点土壤分离能力的最小值、最大值和均值分别为 $0.00(kg \cdot m^{-2} \cdot s^{-1})$、$1.13(kg \cdot m^{-2} \cdot s^{-1})$ 和 $0.39(kg \cdot m^{-2} \cdot s^{-1})$。18个采样点的土壤分离能力值大小范围与Wang等(2014b)的研究结果相一致。18个采样点的土壤分离能力的空间变异系数为0.87,根据Nielsen和Bouma(1985)的分类体系,土壤分离能力的空间变异为中等变异性。18个采样点土壤分离的中等变异性是由不同程度变异性的土壤理化性质综合作用引起的。从图3-3可以看出来,不同地貌单元的土壤分离能力从坡上到坡下呈逐渐减弱的趋势,坡面顶部的土壤分离能力最强($0.84 \ kg \cdot m^{-2} \cdot s^{-1}$),沟谷底部的土壤分离能力最弱($0.01 \ kg \cdot m^{-2} \cdot s^{-1}$)。坡面顶部、坡面上部、坡面中部、坡面下部和切沟底部的土壤分离能力分别是沟谷底部土壤分离能力的75.46、68.38、30.09、21.29和13.03倍。造成土壤分离能力从坡上到坡下逐渐减弱的原因将在下文详尽探讨。单因素方差分析结果表明地貌单元显著影响土壤分离能力(图3-3)。坡面顶部和

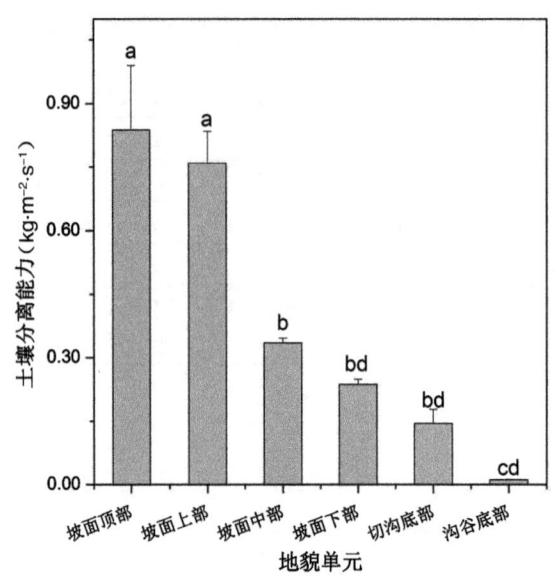

图3-3 不同地貌单元的土壤分离能力

(注:图中不含相同字母的地貌单元之间存在显著差异)

坡面上部的土壤分离能力无显著差异,坡面顶部和坡面上部的土壤分离能力显著高于其他4种地貌单元的土壤分离能力。坡面中部、坡面下部、切沟底部和沟谷底部之间的土壤分离能力无显著差异。一般来说,坡向会对植物生长和土壤理化性质产生影响(Bi et al.,2008;Qiu et al.,2001;Wang et al.,2009),土壤理化性质的差异可能会引起土壤分离能力的变化。然而在本章研究中,土壤分离能力在阴坡和阳坡之间无显著差异($P=0.871$)。此外,草种类显著影响土壤分离能力。从图3-4中可以看出长芒草的土壤分离能力最强,早熟禾的土壤分离能力次之,华扁穗草的土壤分离能力最弱。长芒草和早熟禾土壤分离能力分别是华扁穗草土壤分离能力的47.15倍和5.87倍。长芒草生长在山坡上部,反映的是旱生环境,水分缺乏,植物生长受限,根系密度较小;早熟禾和华扁穗草生长在山坡下部,水分充足,植物生长茂盛,根系密度较大(刘广全和王鸿喆,2012)。早熟禾和华扁穗草的根系密度分别是长芒草植物根系密度的4.73倍和6.75倍,此外长芒草、早熟禾和华扁穗草都为须根系植物,因此不同草类根系密度的差异导致了不同草类的土壤分离能力的显著差异(De Baets et al.,2006;Wang et al.,2015)。

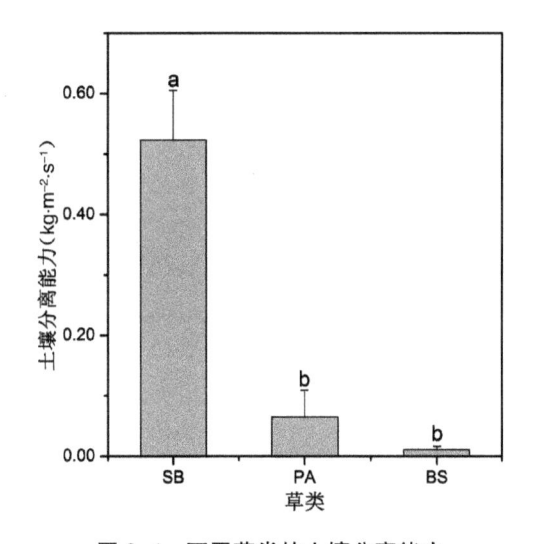

图3-4 不同草类的土壤分离能力

(注:SB为长芒草(*Stipa bungeana* Trin.);PA为早熟禾(*Poa annua* L.);
BS为华扁穗草(*Blysmus sinocompressus* Tang et Wang))

(2) 地貌单元对土壤理化性质及根系密度的影响

黏粒含量、粉粒含量和中值粒径(D_{50})广泛地应用于模拟土壤分离能力(Zhang G. H. et al.,2008)。在本章研究中,从坡上到坡下,黏粒含量呈现增大趋势[图3-5(a)],砂粒含量和中值粒径均呈现减小趋势[图3-5(b)]和[图3-5(c)]。

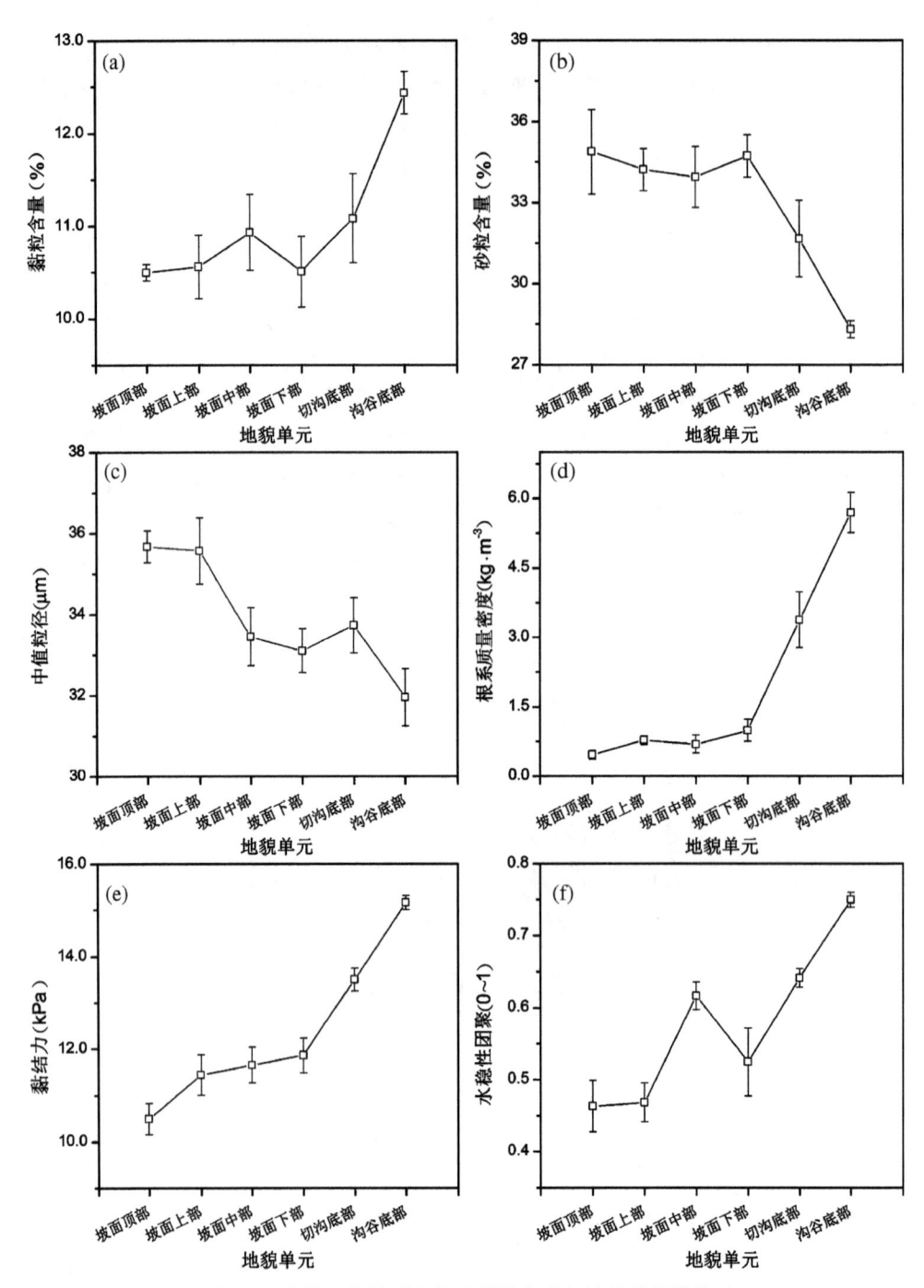

图 3-5 土壤理化性质和根系质量密度与地貌单元的关系

皮尔逊相关分析表明黏粒含量与海拔呈负相关关系,而中值粒径与海拔呈正相关关系(表3-3)。这个研究结果与邱扬等(2002a)的研究结果一致。邱扬等(2002a)在黄土高原小流域的研究结果表明,从坡顶到山脚黏粒含量呈增大趋势,砂粒含量呈减少趋势。黄土高原丘陵沟壑区,从上而下土壤侵蚀呈现明显的垂直分带性,至上而下依次为片蚀、细沟侵蚀、浅沟侵蚀和切沟侵蚀(Zheng et al.,2005;陈永宗等,1988;刘元保 等,1988;唐克丽,1999;张科利,1991)。在坡面上部,水流的搬运能力有限,对土壤颗粒具有分选性,较细的土壤颗粒首先被分离搬运,导致较粗的土壤颗粒在地表积累(Durnford and King,1993;Issa et al.,2006;Shi et al.,2012)。在坡面中部,土壤侵蚀加强,水流的搬运能力大到足够搬运土壤中所有粒级的泥沙颗粒,此时水流对泥沙颗粒无分选性,所有的泥沙颗粒都能被水流搬运(Proffitt and Rose,1991;Zheng et al.,2005)。在较低的坡面下部,由于坡度减小,水流的搬运能力急剧减小,导致富含细颗粒泥沙的沉积(Asadi et al.,2011;Poesen et al.,2003),这就造成低坡位较高的黏粒含量[图3-5(a)]。

植物根系通过化学吸附作用和物理捆绑作用在减少土壤侵蚀速率方面起到重要作用(De Baets et al.,2006;Mamo and Bubenzer,2001a,2001b;Zhang et al.,2014)。从图3-5(d)中可以看出,从坡面顶部到坡面下部,植物根系质量密度的增加趋势比较缓慢,而从坡面下部到沟谷底部,植物根系质量密度则迅速增加。植物根系质量密度与海拔呈负相关关系(表3-3)。这个结果与Slobodian等(2002)的研究结果一致,其研究结果表明植物地下生物量从高坡位到低坡位呈逐渐增加的趋势。在干旱半干旱地区(如黄土高原),限制草本植物生长的主要生态因子是土壤含水量(Zhang et al.,2016)。此外,土壤养分也受控于地貌单元,通常情况下土样养分从坡上到坡下呈现增加趋势(Pennock et al.,1994;Van Rees et al.,1994)。土壤水分和土壤养分的综合作用,导致了6种地貌单元的根系质量密度从坡上到坡下的增加趋势[图3-5(d)]。

由于黏结力与团聚体两者有着共同的黏结机制,两者具有高度相关关系,两者都是模拟土壤分离能力和土壤侵蚀阻力的重要参数(Bissonnais,1996;Bryan,2000;Su et al.,2014;Vannoppen et al.,2015)。黏结力和团聚体受土壤质地和植物根系的显著影响(Bronick and Lal,2005;Vannoppen et al.,2015),黏粒作为土壤颗粒间黏合介质,具有增强黏结力和团聚体的作用(Bissonnais,1996;Knapen et al.,2007a)。从表3-3可以看出黏结力和团聚体均与黏粒含量呈显著的正相关关系。植物根系具有捆绑土壤颗粒,分泌有机质的作用,这些作用会增强土壤之间的黏结力、促进团聚体的形成(Baets et al.,2008;Bronick and Lal,2005;Vannoppen et al.,2015)。在本章研究中,黏结力和团聚体与植物根系质量密度呈显著的正相关关系(表3-3)。土壤质地和根系密度共同作用于土壤黏结力

表 3-3　土壤分离能力、土壤侵蚀阻力、土壤理化性质和根系质量密度的相关关系

项目	D_c	K_r	τ_c	Ele	Clay	Silt	Sand	D_{50}	BD	Coh	WSA	SOM	RMD
D_c	1												
K_r	0.963**	1											
τ_c	0.362	0.463	1										
Ele	0.667**	0.683**	0.480*	1									
Clay	−0.421	−0.491*	−0.595**	−0.521*	1								
Silt	−0.517*	−0.457	−0.248	−0.280	0.546*	1							
Sand	0.542*	0.514*	0.374	0.379	−0.734**	−0.970**	1						
D_{50}	0.609**	0.625**	0.302	0.565*	−0.746**	−0.472*	0.600**	1					
BD	−0.473*	−0.519*	−0.335	−0.118	0.255	0.284	−0.304	−0.169	1				
Coh	−0.749**	−0.790**	−0.553**	−0.648**	0.668**	0.668**	−0.737**	−0.521*	0.589*	1			
WSA	−0.806**	−0.803**	−0.431	−0.618**	0.678**	0.615**	−0.696**	−0.578**	0.378	0.745**	1		
SOM	−0.361	−0.363	−0.182	−0.207	−0.233	−0.123	0.167	−0.054	−0.255	−0.050	0.078	1	
RMD	−0.704**	−0.713**	−0.601**	−0.680**	0.549**	0.590**	−0.638**	−0.396	0.591**	0.923**	0.722**	−0.03	1

注：1. D_c 为土壤分离能力 (kg·m^{-2}·s^{-1})，K_r 为细沟可蚀性 (s·m^{-1})，τ_c 为临界剪切力 (Pa)，Ele 为海拔 (m)，Clay 为黏粒含量 (%)，Silt 为粉粒含量 (%)，Sand 为砂粒含量 (%)，D_{50} 为中值粒径 (mm)，BD 为容重 (kg·m^{-3})，Coh 为黏结力 (kPa)，WSA 为水稳性团聚体 (0~1)，SOM 为土壤有机质 (g·kg^{-1})，RMD 为根系质量密度 (kg·m^{-3})；

2. ** 表示在 0.01 水平上显著；* 表示在 0.05 水平上显著。

和水稳性团聚体,在一定程度上决定着黏结力和团聚体从坡上到坡下的增加趋势[图 3-5(e)和图 3-5(f)]。本章中关于地貌单元对黏结力和团聚体的影响这一结果与 Pierson 和 Mulla(1990)和潘剑君(1995)的研究结果一致。

3.2.2 影响因素

皮尔逊相关分析表明土壤分离能力与黏粒含量、容重、黏结力、团聚体和根系质量密度呈负相关关系,与砂粒含量呈正相关关系(表 3-3)。通常认为粉粒含量高的土壤容易受到侵蚀,但在本章研究中,土壤分离能力与粉粒含量呈显著的负相关关系。Wang 等(2014a)研究了退耕年限对土壤分离能力的影响,发现土壤分离能力与粉粒含量无显著的相关关系。此外,Li 等(2015b)研究了不同土地利用方式和土壤类型下的土壤分离能力,却发现土壤分离能力与粉粒含量呈显著正相关($P<0.01$)。然而 Geng 等(2015)的研究结果与本章实验研究结论相同。以上研究关于土壤分离能力与粉粒含量相互矛盾,这表明土壤分离能力与粉粒含量的关系有待进一步商榷,其机理有待进一步探究。学界关于砂粒含量与土壤分离能力的认识较为统一。砂粒之间由于缺少黏结力,容易受到侵蚀(Cochrane and Flanagan,1997)。从图 3-6 中可以看出,土壤分离能力随着砂粒含量的增加而逐渐增加,两者之间呈显著的线性关系。此外,随着中值粒径的增加,土壤分离能力也呈线性增加趋势(图 3-7),这一研究结果与 Ciampalini 和 Torri(1998)的研究相一致。容重反映了土壤松紧程度,容重越大,表明土壤越紧实,土壤颗粒之间的作用力也就越强(Ghebreiyessus et al.,1994)。从图 3-8 中可以看出,土壤分离

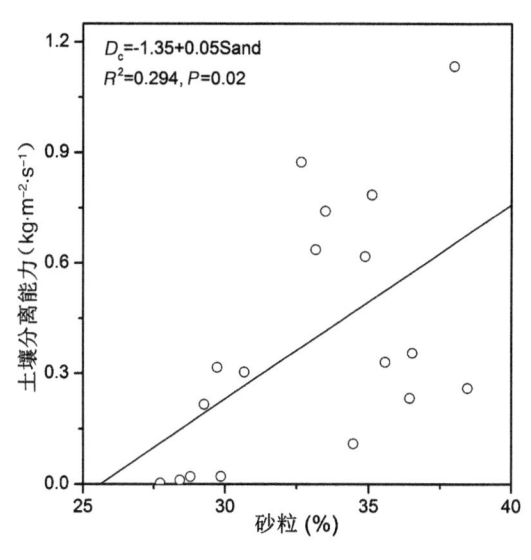

图 3-6 砂粒含量(Sand)与土壤分离能力(D_c)的关系

能力与土壤容重呈显著的线性相关关系（$P=0.047$）。郁耀闯和王长燕（2016）的研究表明土壤分离能力随着容重的增加呈指数函数形式减小。虽然本章研究结果与郁耀闯和王长燕（2016）的具体函数形式有所差异，但是两者研究结论都表明土壤分离能力与容重呈现负相关关系。

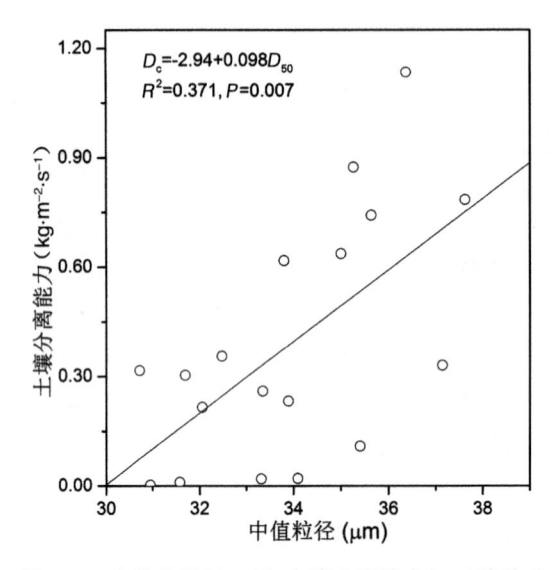

图 3-7 中值粒径（D_{50}）与土壤分离能力（D_c）的关系

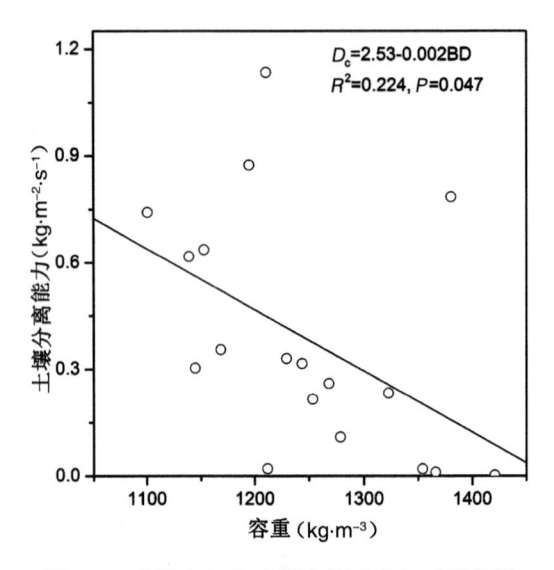

图 3-8 容重（BD）与土壤分离能力（D_c）的关系

黏结力和团聚体广泛应用于土壤分离能力的模拟,是模拟土壤分离能力的良好指标。本章研究结果表明土壤分离能力随着黏结力和团聚体的增加,均呈线性函数形式递减(图 3-9 和图 3-10),这一研究结果与王长燕和郁耀闯(2016)的研究结果一致。植物根系不仅通过物理捆绑作用和化学黏合作用来影响土壤侵蚀,而

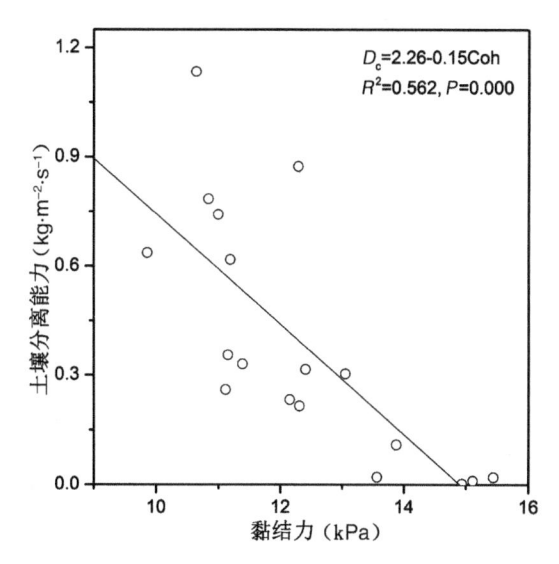

图 3-9 黏结力(Coh)与土壤分离能力(D_c)的关系

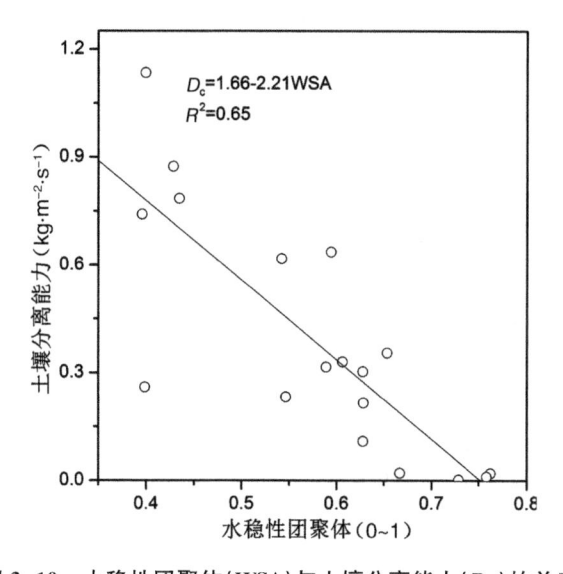

图 3-10 水稳性团聚体(WSA)与土壤分离能力(D_c)的关系

且也影响着黏结力和团聚体,进而影响着土壤侵蚀(Baets et al.,2008;Vannoppen et al.,2015)。本章研究结果表明土壤分离能力随着根系质量密度的增大而呈指数函数形式减少(图3-11)。根系质量密度范围为 $0\sim4$ kg·m^{-3} 时,土壤分离能力随着根系质量密度的增加而迅速减小,之后随着根系质量密度的增加则缓慢减小(图3-11)。Zhang等(2013)研究了草本植物根系质量密度对土壤分离能力的影响,得出与本章研究相类似的结论。本章研究结果表明,土壤分离能力与黏粒含量和土壤有机质之间无显著相关关系,这与李振炜(2015)和Wang等(2013)的研究结果不一致。

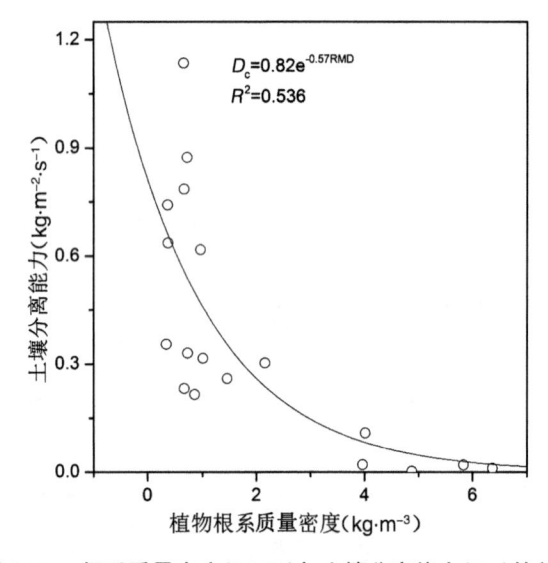

图 3-11　根系质量密度(RMD)与土壤分离能力(D_c)的关系

3.3　土壤侵蚀阻力空间变异

3.3.1　土壤侵蚀阻力计算

土壤侵蚀阻力可用公式(1-27)进行计算。小流域采样点每个采样点设置6组水流剪切力,每组剪切力测定5个土壤分离能力,取5个土壤分离能力的平均值作为该组水流剪切力的土壤分离能力值。对6组剪切力和其对应的土壤分离能力进行线性拟合,所得拟合直线的斜率即为细沟可蚀性,所得拟合直线与 x 轴的截距即为临界剪切力(Geng et al.,2017;Nearing et al.,1991)。纸坊沟小流域尺度18个采样点的具体土壤侵蚀阻力拟合结果见图3-12。

第3章 小流域尺度土壤侵蚀阻力空间变异

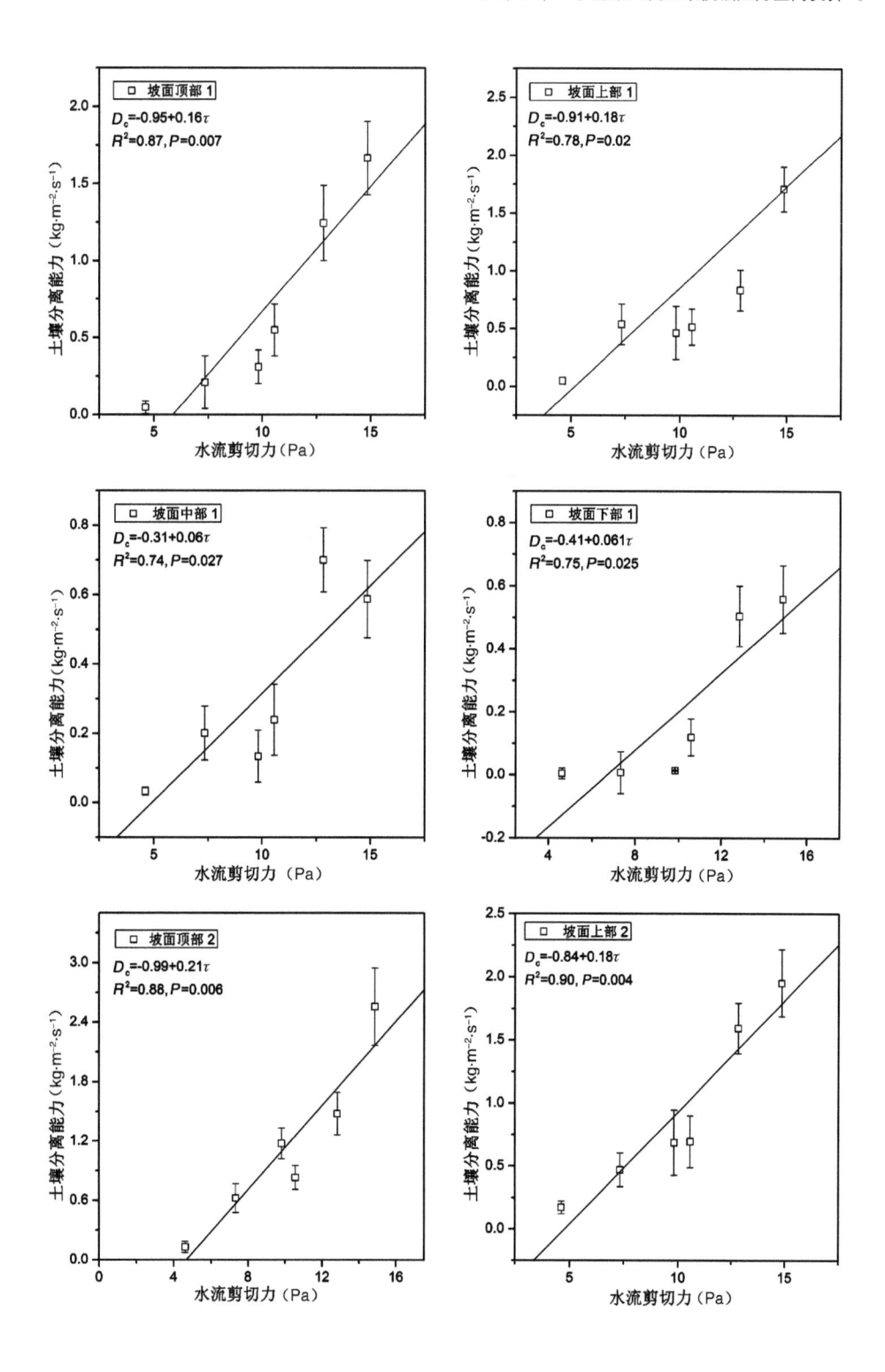

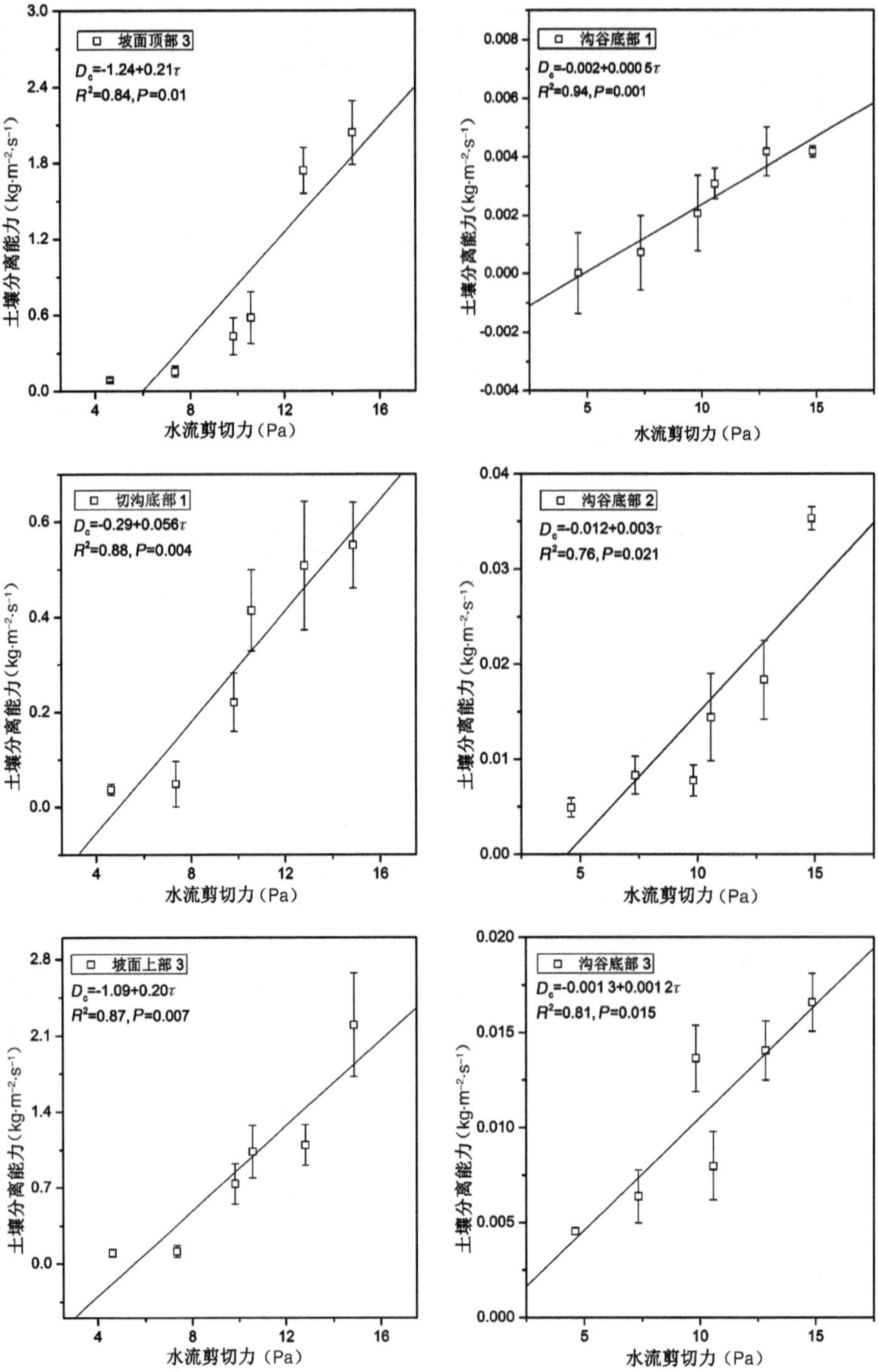
坡面顶部 3
D_c=-1.24+0.21τ
R^2=0.84, P=0.01
沟谷底部 1
D_c=-0.002+0.000 5τ
R^2=0.94, P=0.001
切沟底部 1
D_c=-0.29+0.056τ
R^2=0.88, P=0.004
沟谷底部 2
D_c=-0.012+0.003τ
R^2=0.76, P=0.021
坡面上部 3
D_c=-1.09+0.20τ
R^2=0.87, P=0.007
沟谷底部 3
D_c=-0.001 3+0.001 2τ
R^2=0.81, P=0.015
土壤分离能力（$kg \cdot m^{-2} \cdot s^{-1}$）
水流剪切力（Pa）

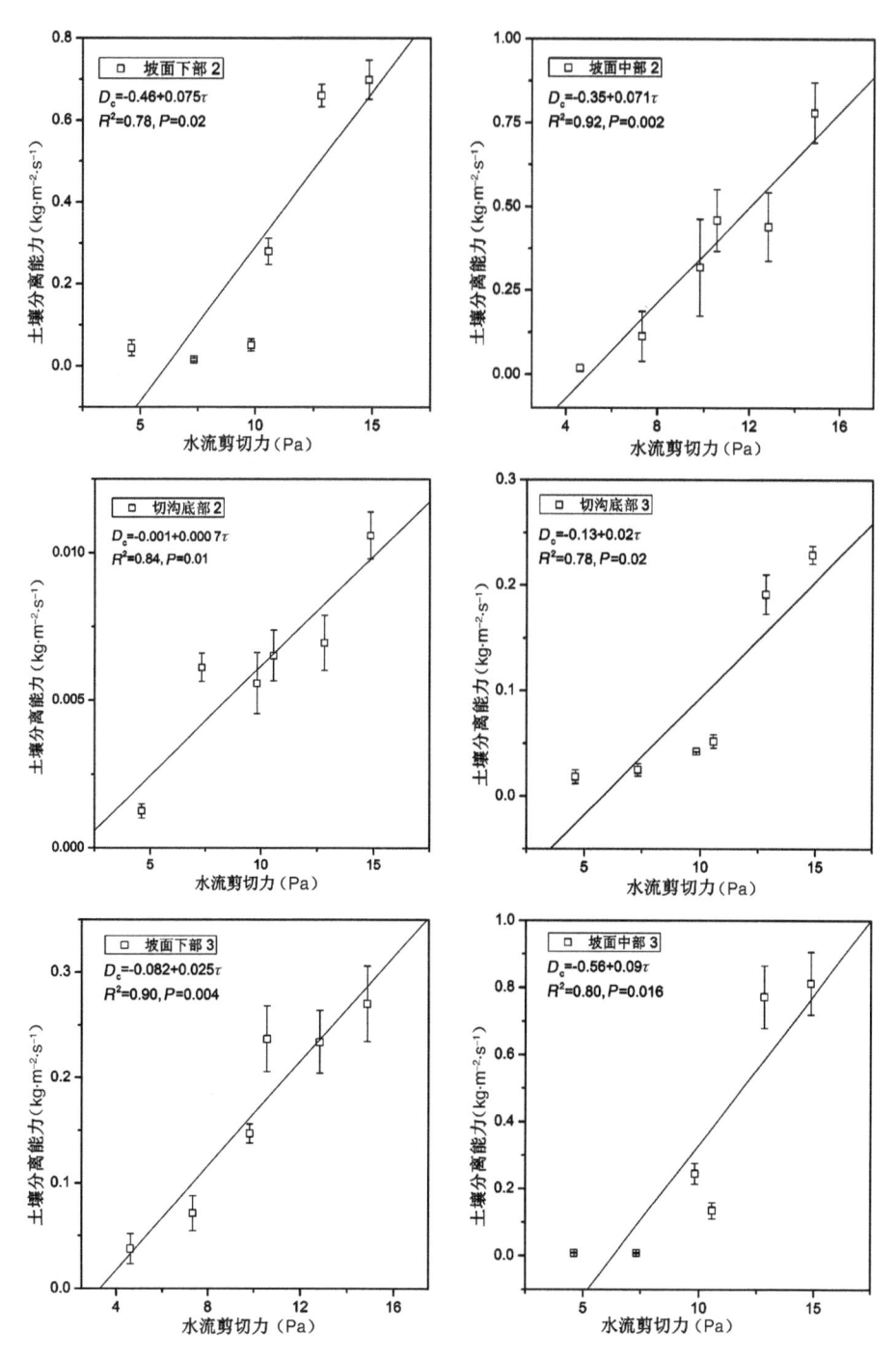

图 3-12 小流域土壤分离能力和水流剪切力的计算结果

（注：D_c 为土壤分离能力；τ 为水流剪切力）

3.3.2 空间变异

18个采样点的细沟可蚀性变化范围为 0.000 5～0.21 s·m^{-1},平均值为 0.09 s·m^{-1}。细沟可蚀性大小范围与 Geng 等(2015)和 Li 等(2015c)研究的细沟可蚀性大小范围一致。细沟可蚀性的最大值和最小值分别出现在坡面顶部和沟谷底部。18个采样点细沟可蚀性的变异系数为 0.88,为中度变异性(Nielsen and Bouma,1985)。细沟可蚀性的中度变异可以用具有不同变异性的土壤理化性质和根系质量密度来解释(表 3-2)。

如图 3-13 所示,6个地貌单元的平均细沟可蚀性从坡面顶部到沟谷底部逐渐减少。坡面顶部、坡面上部、坡面中部、坡面下部和切沟底部的细沟可蚀性分别是沟谷底部细沟可蚀性的 132.6、125.0、50.6、36.6 和 19.4 倍。单因素方差分析结果表明6种地貌单元的细沟可蚀性之间存在显著差异。坡面顶部和坡面上部的细沟可蚀性之间无显著差异,坡面顶部和坡面上部的细沟可蚀性明显大于其他4种地貌单元的平均细沟可蚀性,切沟底部和沟谷底部的细沟可蚀性之间无显著差异(图 3-13)。坡向影响着土壤理化性质和植物的生长,这可能会影响土壤侵蚀阻力,然而本章研究中阴坡和阳坡之间的土壤侵蚀阻力却无显著差异,这可能是土壤理化性质和植物根系的复杂相互作用所致。

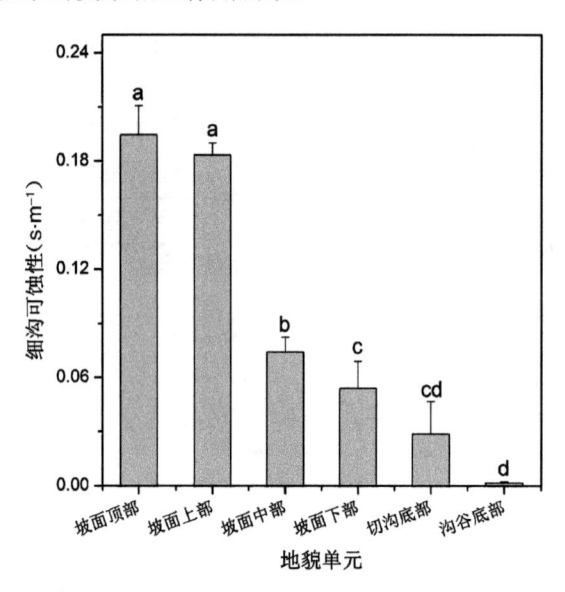

图 3-13 不同地貌单元的细沟可蚀性

(注：不含相同字母的地貌单元之间存在显著差异)

不同的植物种类有着不同的根系特征,进而会对土壤侵蚀阻力产生不同的影响(De Baets et al.,2007)。本章研究中,自然演替草地的优势草类为:长芒草、早熟禾和华扁穗草。长芒草、早熟禾和华扁穗草分别分布在山坡上部、山坡中部和山坡下部。这3种草本植物的根系都为须根系。如图3-14所示,3种草本植物的细沟可蚀性从大到小的顺序是:长芒草、早熟禾和华扁穗草。长芒草和早熟禾的细沟可蚀性是华扁穗草的细沟可蚀性的82.8倍和10.7倍。3种草本植物根系质量密度从大到小的变化趋势与细沟可蚀性从大到小的变化趋势相反,3种草本植物根系质量密度的显著差异($P=0.000$)导致了3种草本植物细沟可蚀性之间的显著差异(De Baets et al.,2007)。

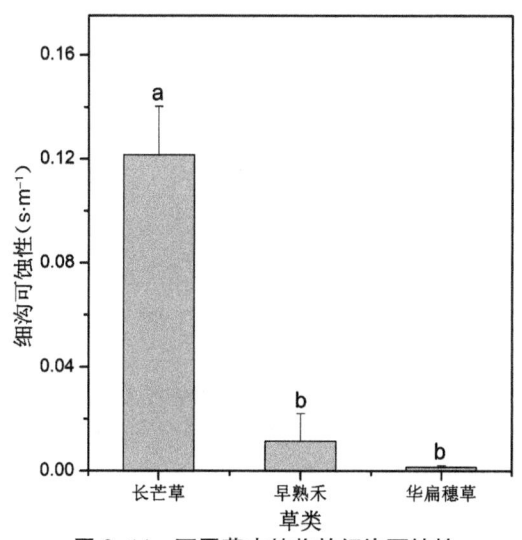

图3-14 不同草本植物的细沟可蚀性

(注:不含相同字母的草本植物之间存在显著差异)

18个采样点土壤临界剪切力的变化范围为1.08~6.70 Pa,均值为4.83 Pa(表3-2)。临界剪切力的变化范围与Geng等(2015)在黄土高原上的研究结果一致。18个采样点临界剪切力的变异系数为0.31,呈中度变异。6种地貌单元临界剪切力之间无显著差异。坡面顶部、坡面上部、坡面中部和坡面下部的平均临界剪切力几乎是相同的(图3-15)。坡面下部、切沟底部和沟谷底部的临界剪切力呈微弱的减小趋势。而在图3-13中,坡面下部、切沟底部和沟谷底部的细沟可蚀性也呈减少趋势。这与一般认为的"细沟可蚀性越大的土壤,其临界剪切力越小"(Foster,1982;Nearing et al.,1988)的观点相左。Mamo和Bubenzer(2001a)和Wang等(2014a)也得出相类似的结论。Mamo和Bubenzer(2001a)指出临界剪切力比细沟可蚀性更容易受土壤表层性质的影响。Wang等(2014a)则指出在线性拟合方程中,线性方程较大的斜率(K_r),往往会导致较大的临界剪切力(τ_c),其研究结论支持了 Nearing 和 Parker(1994)的观点。后者认为用公式(1-27)计算出来的临界剪切力应当被看作是线性回归的数值,不应该看作水流剪切力临界点,低于这个临界点就没有土壤发生分离。

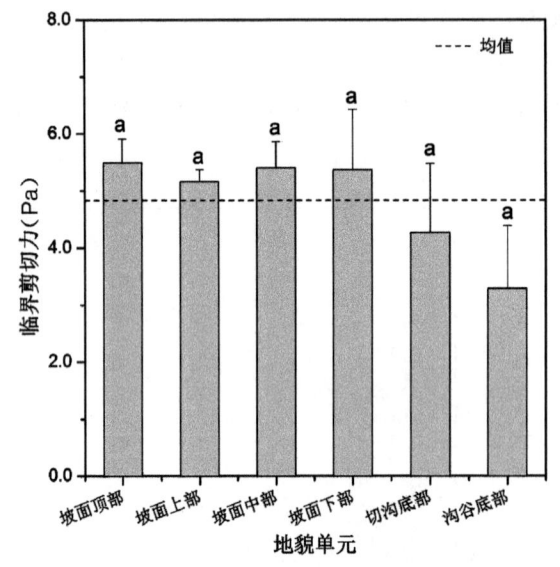

图 3-15 不同地貌单元的临界剪切力

(注：不含相同字母的地貌单元之间存在显著差异)

3.3.3 影响因素

表 3-3 表明细沟可蚀性与黏粒含量呈负相关关系,与砂粒含量呈正相关关系。如图 3-16(a)所示,随着中值粒径的增大,细沟可蚀性呈线性增大的趋势($R^2=0.39$；$P=0.006$)。然而,细沟可蚀性与粉粒含量却没有显著的关系,这个研究结果与 Wang 等(2014a)的研究结果一致。容重和细沟可蚀性之间呈负相关关系(表 3-3)。细沟可蚀性与黏结力呈线性递减关系[图 3-16(b)],与团聚体呈指数减少关系[图 3-16(c)]。细沟可蚀性与根系质量密度呈指数减少关系,细沟可蚀性在根系质量密度范围 $0\sim4$ kg·m^{-3} 内迅速减少[图 3-16(d)]。以上细沟可蚀性与土壤理化性质及植物根系密度的关系与 Govers 和 Loch(1993)、Sheridan 等(2000a)和 Sun 等(2016)的研究结果一致。虽然土壤有机质作为土壤颗粒黏合介质,具有黏合土壤颗粒的作用(Knapen et al.,2007a),但本章研究的结果表明细沟可蚀性与土壤有机质之间无显著相关关系(表 3-3)。

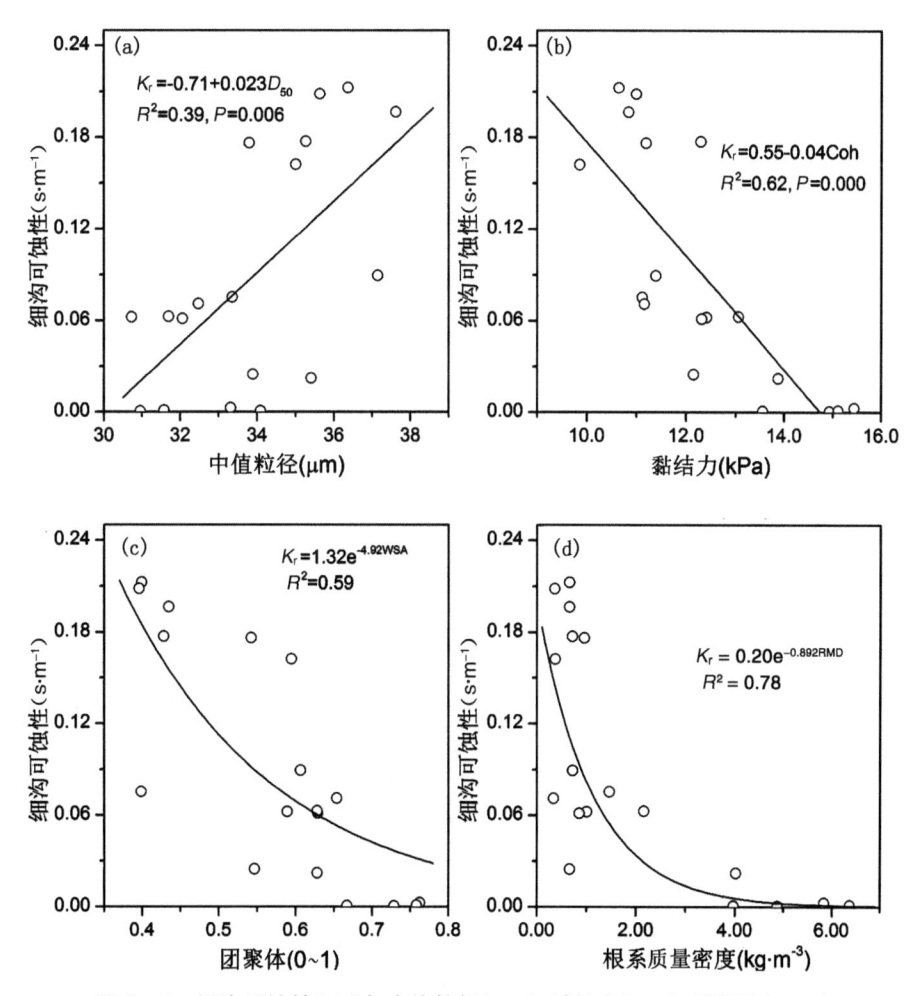

图 3-16 　细沟可蚀性(K_r)与中值粒径(D_{50})、黏结力(Coh)、团聚体(WSA)和根系质量密度(RMD)的关系

临界剪切力与土壤黏结力和根系质量密度存在显著的负相关关系(表 3-3),这一研究结果与 Nearing 等(1988)的观点相背。Mamo 和 Bubenzer(2001b)分析了黏结力和根系质量密度与临界剪切力的关系,也得出类似的结论,并指出临界剪切力比细沟可蚀性更容易受最表层土壤状况的影响。图 3-17 表明临界剪切力与黏粒含量之间存在明显的线性关系($R^2=0.35;P=0.009$)。这与黏粒决定着土壤颗粒之间的黏结力有关,也在一定程度上表明黏粒是模拟临界剪切力的良好指标(Knapen et al.,2007a)。

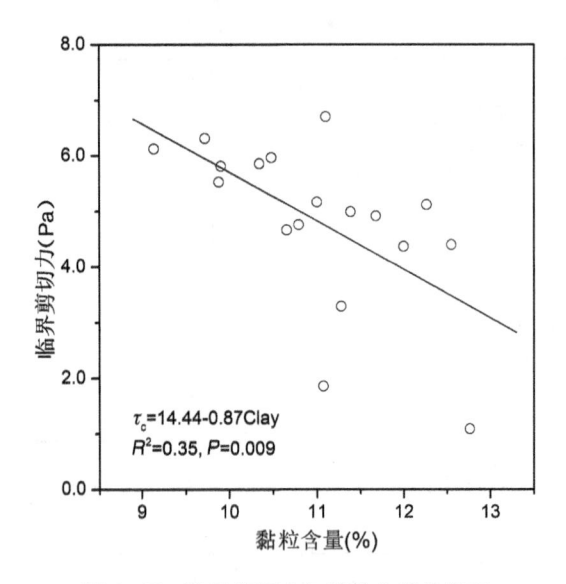

图 3-17　临界剪切力与黏粒含量的关系

3.4　本章小结

本章系统分析了小流域尺度上土壤分离能力和土壤侵蚀阻力的空间变异特征,并探讨了在小流域尺度影响土壤分离能力和土壤侵蚀阻力空间变异的影响因素。主要得出以下结论。

(1) 土壤分离能力和细沟可蚀性从坡上到坡下呈逐渐减小趋势,坡面顶部、坡面上部、坡面中部、坡面下部、切沟底部和沟谷底部 6 种地貌单元之间的土壤分离能力和细沟可蚀性存在显著差异。临界剪切力在 6 种地貌单元之间无显著差异。

(2) 坡面顶部、坡面上部、坡面中部、坡面下部、切沟底部和沟谷底部 6 种地貌单元从坡上到坡下,土壤质地、黏结力、团聚体和根系质量密度均呈现规律性变化趋势。

(3) 土壤质地、容重、黏结力、团聚体和根系质量密度与土壤分离能力和细沟可蚀性之间存在显著的相关关系,而临界剪切力与黏粒含量呈显著的负相关关系。

(4) 从坡面顶部到沟谷底部,土壤水分和土壤侵蚀存在差异,这些变化导致土壤理化性质和根系质量密度从坡上到坡下的规律性变化,进而引起土壤分离能力和细沟可蚀性从坡上到坡下的规律性变化。

第4章

黄土高原尺度土壤侵蚀阻力空间变异

4.1 实验方法

4.1.1 研究区概况

黄土高原位于黄河中上游地区，东以太行山为界，西以贺兰山、日月山为界。地跨青海、山西、甘肃、内蒙古、陕西、河南 7 省区 286 个县（镇），总面积为 64.2 万 km^2（唐克丽 等，2004）。黄土高原表面被巨厚的黄土覆盖，覆盖厚度一般为 50~100 m。主要的地貌类型为塬、梁、峁和沟谷。黄土高原为大陆性季风气候，从西南到东北，年降雨量从近 800 mm 下降到 200 mm 以下，年平均气温从 14.3℃下降到 3.6℃。根据主要的植被类型和土壤特征，黄土高原可以划分成 5 个植被带，从北到南依次为：暖温性草原化荒漠带、暖温性荒漠草原带、暖温性典型草原带、暖温性森林草原带和暖温性森林带。由于人类长期的乱砍滥伐和过度开垦，黄土高原自然植被已经消失殆尽。黄土高原主要的土壤质地类型为砂壤土（Liu et al.，2013），从东南到西北，黏粒含量减少，砂粒含量逐渐增多（Wang et al.，2009）。黄土高原的水土流失面积为 $4.3 \times 10^5 \ km^2$，土壤侵蚀模数可达 1 000~15 000 $t \cdot km^{-2} \cdot a^{-1}$。土壤侵蚀产生的泥沙有 1/3 会沉积在黄河的河床上，使河床每年升高 8~10 cm。黄河河床高于河岸 3~12 m，成为举世闻名的地上悬河，严重威胁下游 1 亿多人口的生命安全（Zhang and Liu，2005）。

4.1.2 土样采集与测定

根据黄土高原 76 个气象点 30 年（1981—2001 年）气象数据（http://cdc.cma.gov.cn/home.do），用 Arcgis10.0 进行克里金插值，可以得到黄土高原年均降水量分布图（图 4-1）。地统计分析表明，变异函数的变程为 1 070 km，块金值和基台值之比为 0.083 2，反映出黄土高原年均降水量的强度空间依赖性（Cambardella et al.，1994；耿韧 等，2014b）。本章研究在黄土高原，沿年降雨量梯度布设一条 508 km 的样线，共布设 7 个采样点（图 4-1），各采样点的具体信息见表 4-1。除了榆林和鄂尔多斯之间（164 km），其他所有的采样点之间都是等间距分布（60 km）。

榆林和鄂尔多斯较大的采样间隔是考虑到两地间隔着毛乌素沙漠,两地地形和降雨量变化较小。年均降水量从最南端的宜君采样点的 591 mm 下降到最北端的鄂尔多斯采样点的 368 mm,年平均气温则从宜君采样点的 10.3℃下降到鄂尔多斯采样点的 7.2℃(表 4-1)。该样线横跨 3 个植被带：森林植被带(年均降水量大于 550 mm)、森林草原植被带(年均降水量在 450～550 mm 之间)和典型草原植被带(年均降水量在 300～450 mm 之间)(孙龙 等,2016)。每个采样点采集 3 种土地利用类型(农地、草地和林地)的原状土样。由于黄土高原玉米(*Zea mays* L.)种植最为广泛,因此选择玉米作为农地的采集对象。草地选择的是具有大致相同退耕年限的自然演替草地。由于刺槐(*Robinia pseudoacacia* L.)在黄土高原广泛分布,因此选择刺槐林作为林地的采集对象。在鄂尔多斯,由于降水量较少和干旱的原因,刺槐林已经不能生长,然而小叶杨(*Populus simonii* Carr.)却能良好地生长,因此选择小叶杨林作为鄂尔多斯林地的采集对象,林地的林龄保持在 15 年左右,草地的退耕年限和林地的林龄通过向当地农民咨询得到。农地 7 个采样点的样地的作物生长阶段和农事活动要尽量保持相同。为减少实验误差和其他变量对实验结果的影响,样地的坡度、坡向和前期农事活动要尽量保持相同。林下植物为一年生和多年生草本,其盖度的变化范围为 17％～95％(表 4-1)。草本的根系结构都为须根系,每个采样点的面积至少为 500 m²。

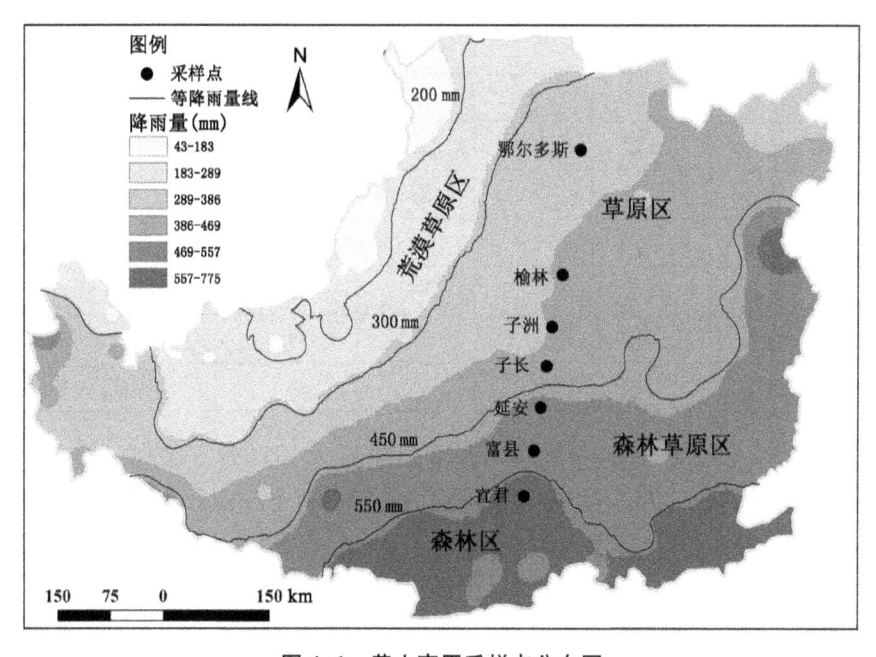

图 4-1 黄土高原采样点分布图

表 4-1 黄土高原采样点基本信息

采样点	土地利用方式	海拔(m)	温度(℃)	降水量(mm)	盖度(%)	优势种
宜君	农地	1 026	10.3	591	78	玉米
宜君	草地	1 043	10.3	591	95	小叶早熟禾、艾蒿
宜君	林地	1 094	10.3	591	95	刺槐、小叶早熟禾、艾蒿
富县	农地	1 006	10.2	542	78	玉米
富县	草地	1 085	10.2	542	87	少花米口袋、披针苔草
富县	林地	978	10.2	542	80	刺槐、小叶早熟禾
延安	农地	1 113	9.9	514	83	玉米
延安	草地	1 140	9.9	514	89	芨芨草、小叶早熟禾
延安	林地	1 210	9.9	514	74	刺槐、长芒草、小叶早熟禾
子长	农地	1 079	9.6	437	86	玉米
子长	草地	1 319	9.6	437	91	小叶早熟禾
子长	林地	1 027	9.6	437	29	刺槐、小叶早熟禾
子洲	农地	937	9.3	411	83	玉米
子洲	草地	1 057	9.3	411	87	小叶早熟禾、长芒草
子洲	林地	1 037	9.3	411	69	刺槐、虎尾草、小叶早熟禾
榆林	农地	1 190	8.8	383	78	玉米
榆林	草地	1 127	8.8	383	47	褐穗莎草
榆林	林地	1 197	8.8	383	17	刺槐、褐穗莎草、长芒草
鄂尔多斯	农地	1 421	7.2	368	81	玉米
鄂尔多斯	草地	1 433	7.2	368	74	小叶早熟禾、长芒草
鄂尔多斯	林地	1 416	7.2	368	34	小叶杨、长芒草

在每个样地上进行土壤分离能力土样的采集,同时测定土壤理化性质。每个样地设定 6 组水流剪切力进行土壤侵蚀阻力测定。黄土高原尺度共采集 630 个土壤分离能力土样(7 个采样点×3 种土地利用×6 组剪切力×5 个剪切力重复)。在采集土壤分离能力样品的同时,进行土壤水分、土壤质地、土壤容重、黏结力、水稳性团聚体、有机质和植物根系质量密度的测定。土壤分离能力和土壤理化性质土样的采集和测定过程与小流域尺度一致,详见第二章研究方法部分和第三章小流域实验方法部分。每个采样点的土壤理化性质信息见表 4-2。总体而言,黏粒含

表 4-2 各采样点的土壤理化性质和根系质量密度信息

采样点	土地利用方式	容重 (kg·m^{-3})	土壤质地 黏粒(%)	土壤质地 粉粒(%)	土壤质地 砂粒(%)	土壤中值粒径(μm)	黏结力(kPa)	团聚体(mm)	土壤有机质(g·kg^{-1})	根系质量密度(kg·m^{-3})
宜君	农地	1 119.40	34.15	60.73	5.12	7.17	8.27	1.73	17.60	0.16
	草地	1 202.65	24.91	68.91	6.17	12.99	14.03	2.43	5.58	3.04
	林地	1 069.48	18.41	67.22	14.37	17.79	14.19	1.94	20.95	2.55
富县	农地	1 112.45	21.59	67.45	10.96	14.37	8.37	1.13	10.42	0.00
	草地	1 395.58	16.09	68.71	15.20	20.34	12.96	4.49	18.82	3.30
	林地	1 165.70	20.69	68.35	10.96	15.98	13.13	2.76	16.26	0.91
延安	农地	1 217.23	18.88	69.42	11.70	19.60	12.39	0.97	6.60	0.06
	草地	1 250.60	16.04	65.49	18.47	22.81	14.84	3.41	16.19	4.00
	林地	903.55	16.26	66.85	16.89	22.49	12.62	2.17	10.16	0.52
子洲	农地	1 104.63	16.47	63.78	19.76	24.13	10.29	0.87	9.12	0.06
	草地	1 261.45	10.57	61.61	27.82	35.55	14.88	2.59	7.75	3.12
	林地	1 110.28	11.39	63.80	24.81	32.21	13.80	1.76	10.07	0.54
子长	农地	1 098.40	7.73	50.80	41.47	46.73	9.11	0.63	12.86	0.15
	草地	1 127.68	9.29	57.95	32.76	38.24	14.07	2.05	9.13	1.81
	林地	1 234.80	10.02	60.13	29.86	36.12	15.05	1.60	5.52	0.77
榆林	农地	1 398.63	8.25	27.96	63.80	82.19	8.37	0.24	6.44	0.03
	草地	1 386.28	11.19	43.30	45.51	48.66	13.13	1.52	7.70	0.97
	林地	1 359.78	11.27	45.48	43.25	44.86	13.94	2.20	7.83	1.52
鄂尔多斯	农地	1 310.40	13.84	31.32	54.84	65.65	9.25	0.29	3.12	0.00
	草地	1 439.53	21.11	59.91	18.98	15.24	13.35	0.83	7.29	2.37
	林地	1 405.75	14.88	41.74	43.38	44.81	13.84	1.61	8.79	0.84

量、粉粒含量、根系质量密度、水稳性团聚体和土壤有机质从南到北呈逐渐减小的趋势,砂粒含量、中值粒径和容重呈增高趋势。

4.2 土壤分离能力空间变异

4.2.1 空间变异

表 4-3 列出了 7 个样线采样点土壤分离能力的描述性统计特征值。土地利用方式对土壤分离能力产生强烈影响。农地、草地、林地土壤分离能力的最小值和最大值分别为 1.933 kg·m^{-2}·s^{-1} 和 3.954 kg·m^{-2}·s^{-1}、0.008 kg·m^{-2}·s^{-1} 和 1.754 kg·m^{-2}·s^{-1}、0.004 kg·m^{-2}·s^{-1} 和 0.909 kg·m^{-2}·s^{-1}。农地、草地和林地土壤分离能力的最大值与最小值之比分别为 2.0、219.3 和 227.3。农地的平均土壤分离能力分别是草地和林地的土壤分离能力的 6.55 倍和 9.58 倍。单因素方差分析表明土地利用方式显著影响土壤分离能力。根据 Nielsen 和 Bouma(1985)分类系统,草地和林地的土壤分离能力都为强变异性(变异系数大于 1),然而农地的土壤分离能力呈中度变异性(变异系数为 0.237)。农地、林地和草地的变异性差异可以用农事活动对农地表层土壤强烈的扰动来解释,农事活动弱化了土壤理化性质和根系质量密度对土壤分离能力的影响(Zhang et al.,2009)。不同土地利用方式的土壤分离能力沿样线上的空间变异存在显著差异(图 4-2)。对于农地而言,土壤分离能力沿样线变化较为复杂,从宜君到富县呈上升趋势,之后逐渐减小,到子长减小到最低值,之后又逐渐增大,到鄂尔多斯增大到最大值。农地土壤分离能力沿样线的变化趋势与年均降水量沿样线的变化趋势间没有相关关系。虽然土壤分离能力随着中值粒级的增大而增大,且黄土高原从南到北土壤质地逐渐砂化变粗(Liu et al.,2013;Torri,1987),然而在本章实验中土壤分离能力变大的趋势只出现在子长采样点到鄂尔多斯采样点之间。草地的土壤分离能力从宜君采样点到富县采样点呈减少趋势,从富县采样点到榆林采样点呈逐渐升高趋势,之后到鄂尔多斯采样点又呈减少趋势(图 4-2)。除了宜君采样点和鄂尔多斯采样外,草地土壤分离能力的变化趋势与年均降水量的变化趋势相反。黄土高原处于典型的干旱和半干旱气候区,植物的生长条件随着降雨量的减小逐渐恶化。降水量的减少必然会影响植物的生长,导致植物根系质量密度的减少(表 4-2),进而导致土壤分离能力的增大(图 4-2)。宜君采样点较大的土壤分离能力与土壤动物引起的表层土壤扰动有关。鄂尔多斯采样点较低的土壤分离能力与其较高的黏粒含量有关(Sheridan et al.,2000a)。林地土壤分离能力沿样线的变化趋势呈倒"U"形。林地的土壤分离能力从最南端的宜君采样点一直增加,到延安采样点达

到最大值,然后再往北至鄂尔多斯采样点呈逐渐减小的趋势。林地土壤分离能力的这种变化趋势是由容重、有机质含量、根系、动物活动的综合影响所致。从南到北土壤有机质和根系质量密度两者都呈减小趋势,而容重的变化趋势则相反(表4-2)。延安林地采样点的土壤分离能力明显大于其他林地采样点。这种现象可能是因为延安地区鼠类活动较为普遍,鼠类活动导致较为疏松的表层土壤,这点可以从表4-2中各采样点的容重数值反映出。

表4-3 不同土地利用方式下土壤分离能力(D_c)、细沟可蚀性(K_r)和临界剪切力(τ_c)的统计特征值

土地利用方式	变量	最小值	最大值	均值	标准差	变异系数
农地	$D_c(\text{kg}\cdot\text{m}^{-2}\cdot\text{s}^{-1})$	1.933	3.954	2.998	0.709	0.237
	$K_r(\text{s}\cdot\text{m}^{-1})$	0.269	0.352	0.309	0.032	0.105
	$\tau_c(\text{Pa})$	0.140	4.990	2.165	2.091	0.966
草地	$D_c(\text{kg}\cdot\text{m}^{-2}\cdot\text{s}^{-1})$	0.008	1.754	0.458	0.602	1.312
	$K_r(\text{s}\cdot\text{m}^{-1})$	0.001	0.187	0.041	0.067	1.636
	$\tau_c(\text{Pa})$	4.320	6.700	5.880	0.806	0.137
林地	$D_c(\text{kg}\cdot\text{m}^{-2}\cdot\text{s}^{-1})$	0.004	0.909	0.313	0.319	1.021
	$K_r(\text{s}\cdot\text{m}^{-1})$	0.002	0.325	0.081	0.115	1.413
	$\tau_c(\text{Pa})$	3.140	6.960	5.700	1.284	0.225

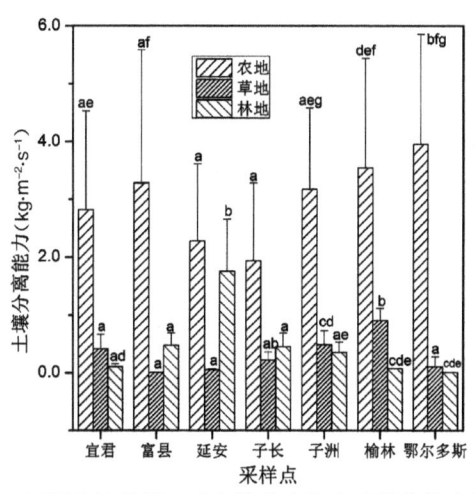

图4-2 不同土地利用方式土壤分离能力沿样线的空间变异

(注:不含相同字母的两项间存在显著差异)

4.2.2 影响因素

皮尔逊相关分析表明土壤分离能力与区域变量(纬度、海拔、温度和降水)无显著的相关关系。多因素方差分析表明植被带对三种土地利用方式的土壤分离能力无显著影响($P>0.05$)。这些研究结果表明，土壤分离能力的空间变化不受这些区域化变量的影响，至少对于本章研究中的样线来说，这种说法是正确的。

土壤分离能力与砂粒含量和中值粒径正相关，与粉粒含量、容重、黏结力、团聚体和根系质量密度呈负相关关系(表4-4)。黏粒被广泛运用于土壤分离能力的模拟，在 Rapp(1999)和 Knapen 等(2007a)的研究中，土壤分离能力与黏粒含量呈负相关关系。然而在本章研究中，土壤分离能力和黏粒含量无显著的相关关系(表4-4)。粉粒含量与土壤分离能力之间呈负相关关系。这个研究结果与径流小区的监测结果相左(Knapen et al., 2007a)，但与 Sheridan 等(2000a)的研究结论一致。砂粒含量($P<0.01$)和中值粒径($P<0.05$)与土壤分离能力呈显著的正相关关系，这表明砂粒(粒径大于 0.02 mm)容易被分离。土壤黏结力反映了土壤颗粒之间的黏结性，是反映土壤侵蚀阻力的重要指标(Léonard and Richard, 2004)。本章研究中土壤分离能力随着黏结力的增加而线性减小($R^2=0.585, P<0.01$)(图4-3)，这个研究结果与 Zhang 等(2009)的研究结果一致。Zhang 等(2009)研究了黄土高原不同土地利用方式下土壤分离能力的季节变异性，研究结果表明土壤分离能力与黏结力呈现良好的线性关系($R^2=0.77$)。团聚体稳定性定义为

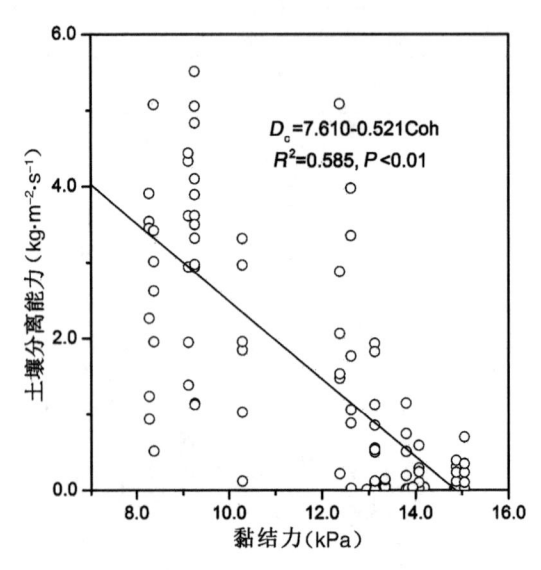

图4-3 土壤分离能力(D_c)与黏结力(Coh)的关系

第4章 黄土高原尺度土壤侵蚀阻力空间变异

表4-4 土壤分离能力(D_c)、细沟可蚀性(K_r)、临界剪切力(τ_c)、土壤理化性质和根系质量密度的相关系系

变量	黏粒含量(%)	粉粒含量(%)	砂粒含量(%)	中值粒径(μm)	容重(kg·m^{-3})	黏结力(kPa)	团聚体(mm)	有机质(g·kg^{-1})	根系质量密度(kg·m^{-3})	样本个数 n
D_c (kg·m^{-2}·s^{-1})	0.023	−0.336**	0.246**	0.309*	−0.176*	−0.765**	−0.573**	−1.27	−0.629**	126
K_r (s·m^{-1})	0.103	−0.119	0.051	0.123	−0.381	−0.787**	−0.580**	−0.175	−0.782**	21
τ_c (Pa)	−0.067	0.446*	−0.313	−0.377	0.101	0.796**	0.578**	0.042	0.413	21

注：* 表示在0.05的水平上显著；
** 表示在0.01的水平上显著。

69

土壤颗粒之间黏结力,增加了土壤抵抗外应力对土壤颗粒破坏的能力,同黏结力一样,被广泛地应用于土壤分离能力的模拟,是模拟土壤分离能力的良好指标(Coote et al.,1988;Kemper and Rosenau,1986)。本章研究中土壤分离能力与团聚体显著相关(表 4-4),随着团聚体的增加,土壤分离能力呈指数减少趋势(图 4-4)。这一研究结果与王长燕和郁耀闯(2016a)在研究黄土丘陵沟壑区退耕草地土壤分离能力季节变化时的研究结果一致。与团聚体相似,土壤有机质也是土壤颗粒之间的良好黏合剂,增加了土壤抵抗侵蚀的能力。然而在本章研究中,土壤有机质与土壤分离能力之间无显著相关关系(表 4-4),这一结果与 Wang 等(2015)的研究结果不符。植物根系通过物理的捆绑作用和化学的吸附作用对土壤分离能力产生影响。从表 4-4 中可以看出,根系质量密度显著影响土壤分离能力,土壤分离能力随着根系质量密度增加呈指数减小趋势(图 4-5)。这一研究结果与 Gyssels 等(2005)和 De Baets 等(2006)的研究结果一致。在本章研究中,土壤分离能力迅速减小发生在根系质量密度 0~1 kg·m^{-3} 范围内,然而在 Zhang 等(2013)的研究中,土壤分离能力迅速减小发生的根系质量密度范围为 0~4 kg·m^{-3}。此外,De Baets 等(2006)研究了草本植物根系长度密度和根系质量密度对土壤表层可蚀性的影响,发现土壤分离能力也是在根系质量密度 0~4 kg·m^{-3} 范围内迅速减小。这种差异可能与根系特征有关,而这些根系特征与研究区的气候、植物群落和植物种类等密切相关。

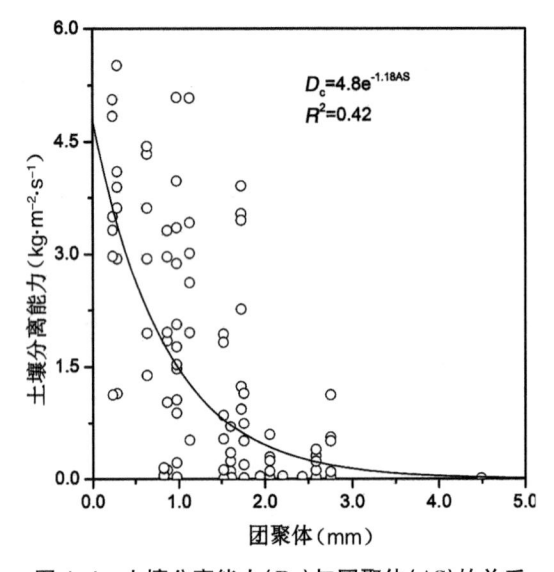

图 4-4 土壤分离能力(D_c)与团聚体(AS)的关系

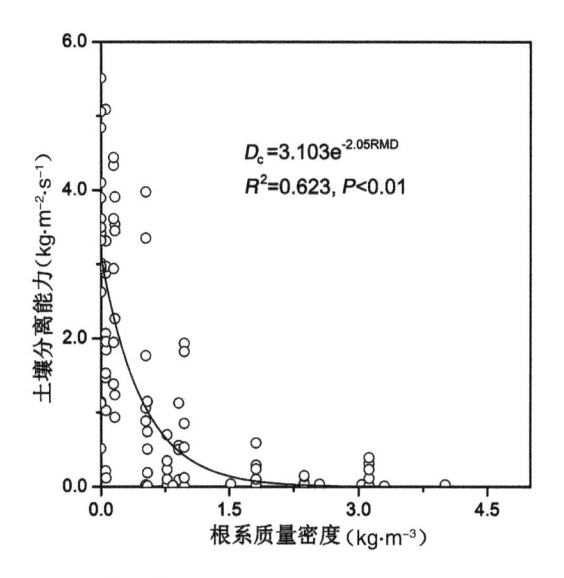

图 4-5 土壤分离能力(D_c)与根系质量密度(RMD)的关系

4.3 土壤侵蚀阻力空间变异

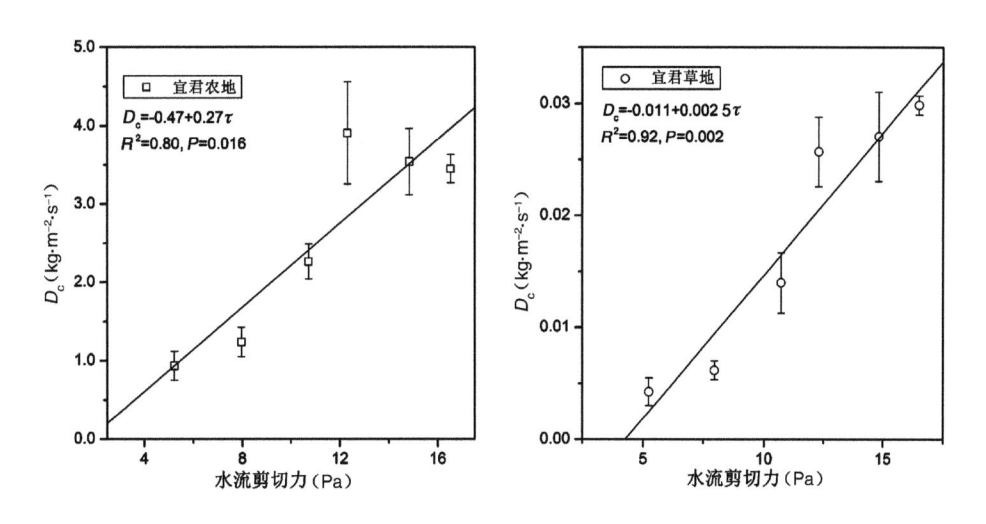

4.3.1 土壤侵蚀阻力计算

黄土高原各采样点的土壤侵蚀阻力可以用公式(1-27)进行计算。具体的计算方法参见第三章土壤侵蚀阻力的计算部分。详尽的拟合结果见图 4-6 和表 4-5。

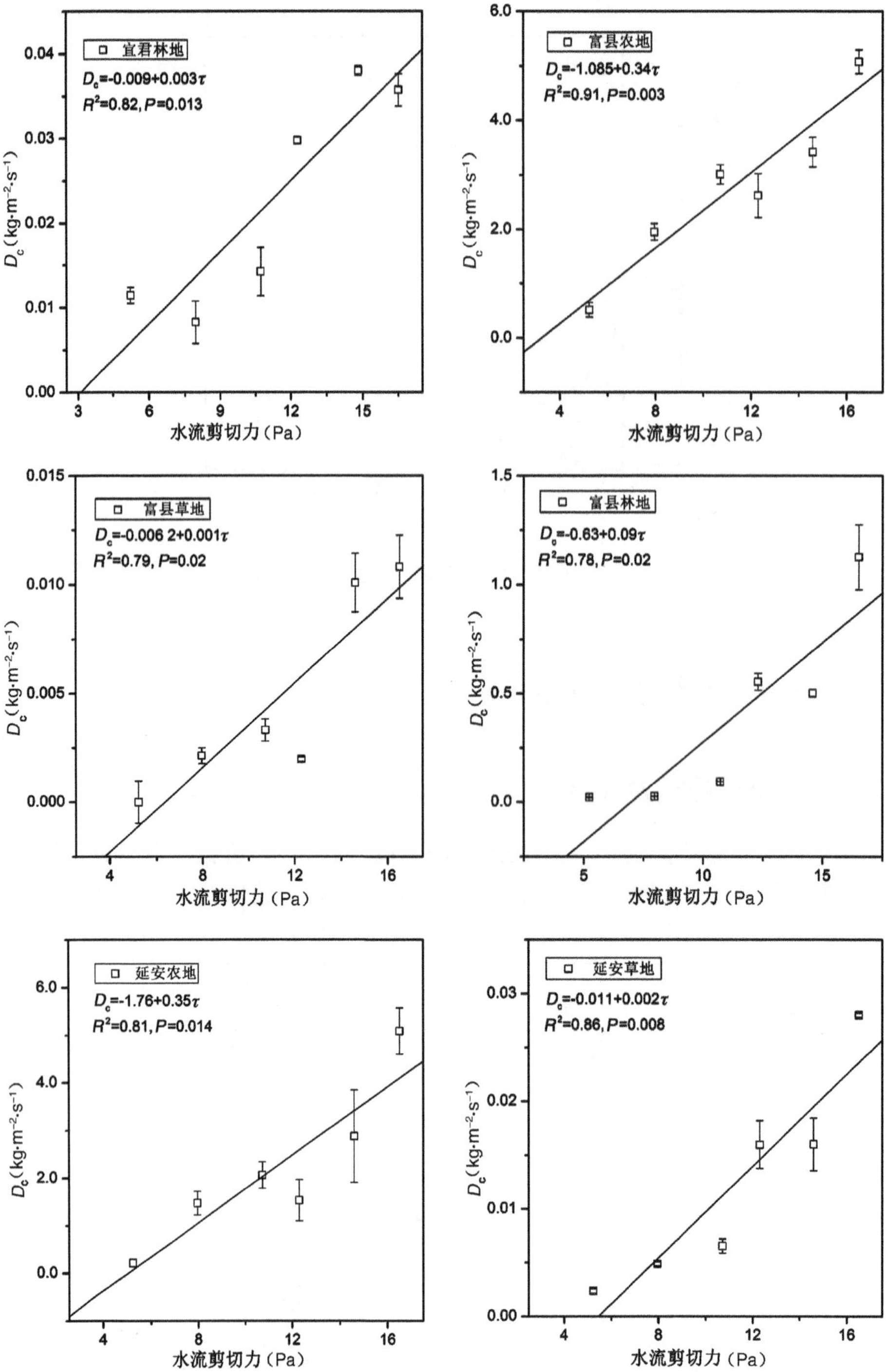

宜君林地
D_c=-0.009+0.003τ
R^2=0.82, P=0.013
富县农地
D_c=-1.085+0.34τ
R^2=0.91, P=0.003
富县草地
D_c=-0.006 2+0.001τ
R^2=0.79, P=0.02
富县林地
D_c=-0.63+0.09τ
R^2=0.78, P=0.02
延安农地
D_c=-1.76+0.35τ
R^2=0.81, P=0.014
延安草地
D_c=-0.011+0.002τ
R^2=0.86, P=0.008
D_c(kg·m^{-2}·s^{-1})
水流剪切力(Pa)

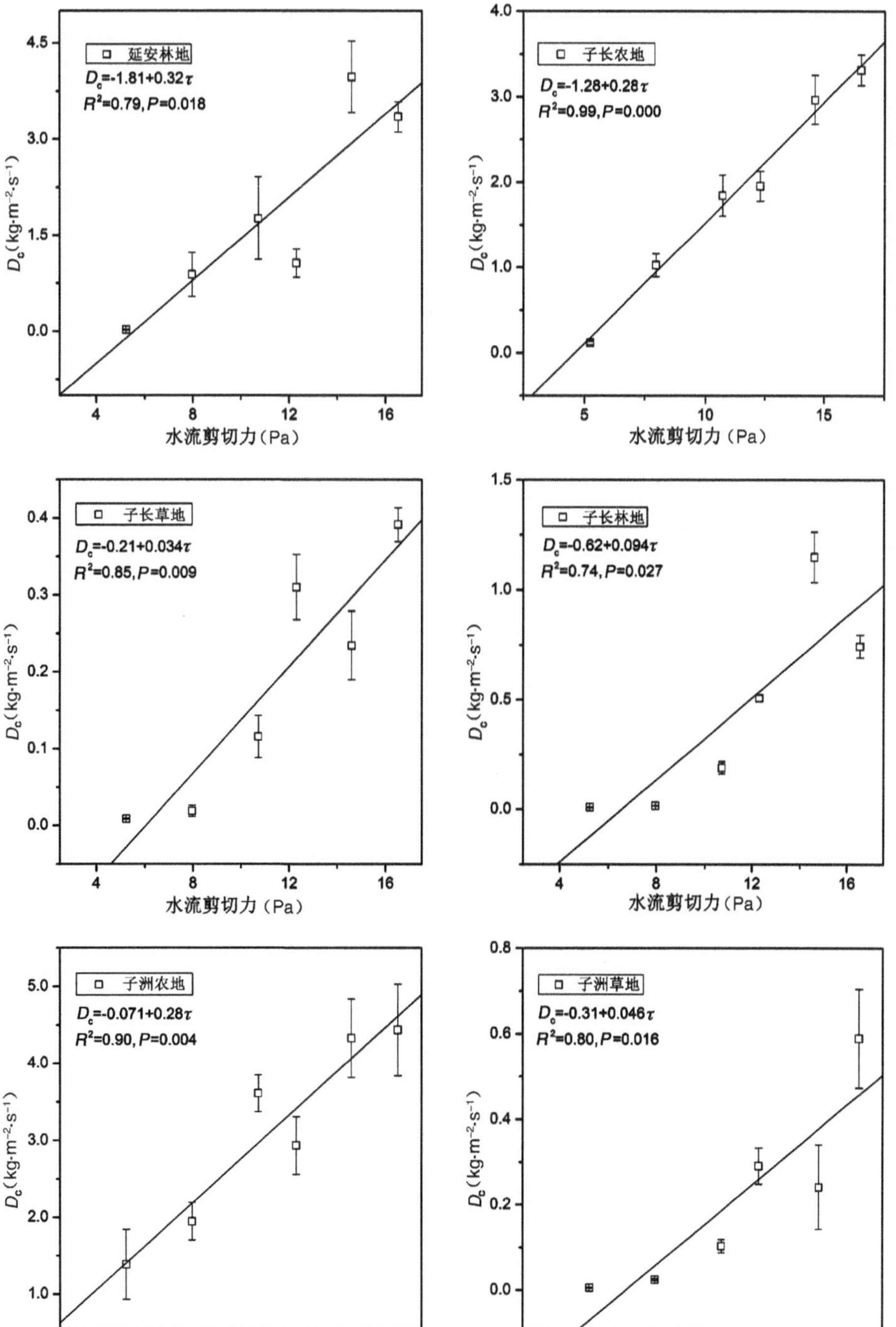
延安林地
D_c=-1.81+0.32τ
R^2=0.79, P=0.018
子长农地
D_c=-1.28+0.28τ
R^2=0.99, P=0.000
子长草地
D_c=-0.21+0.034τ
R^2=0.85, P=0.009
子长林地
D_c=-0.62+0.094τ
R^2=0.74, P=0.027
子洲农地
D_c=-0.071+0.28τ
R^2=0.90, P=0.004
子洲草地
D_c=-0.31+0.046τ
R^2=0.80, P=0.016
D_c（kg·m^{-2}·s^{-1}）
水流剪切力（Pa）

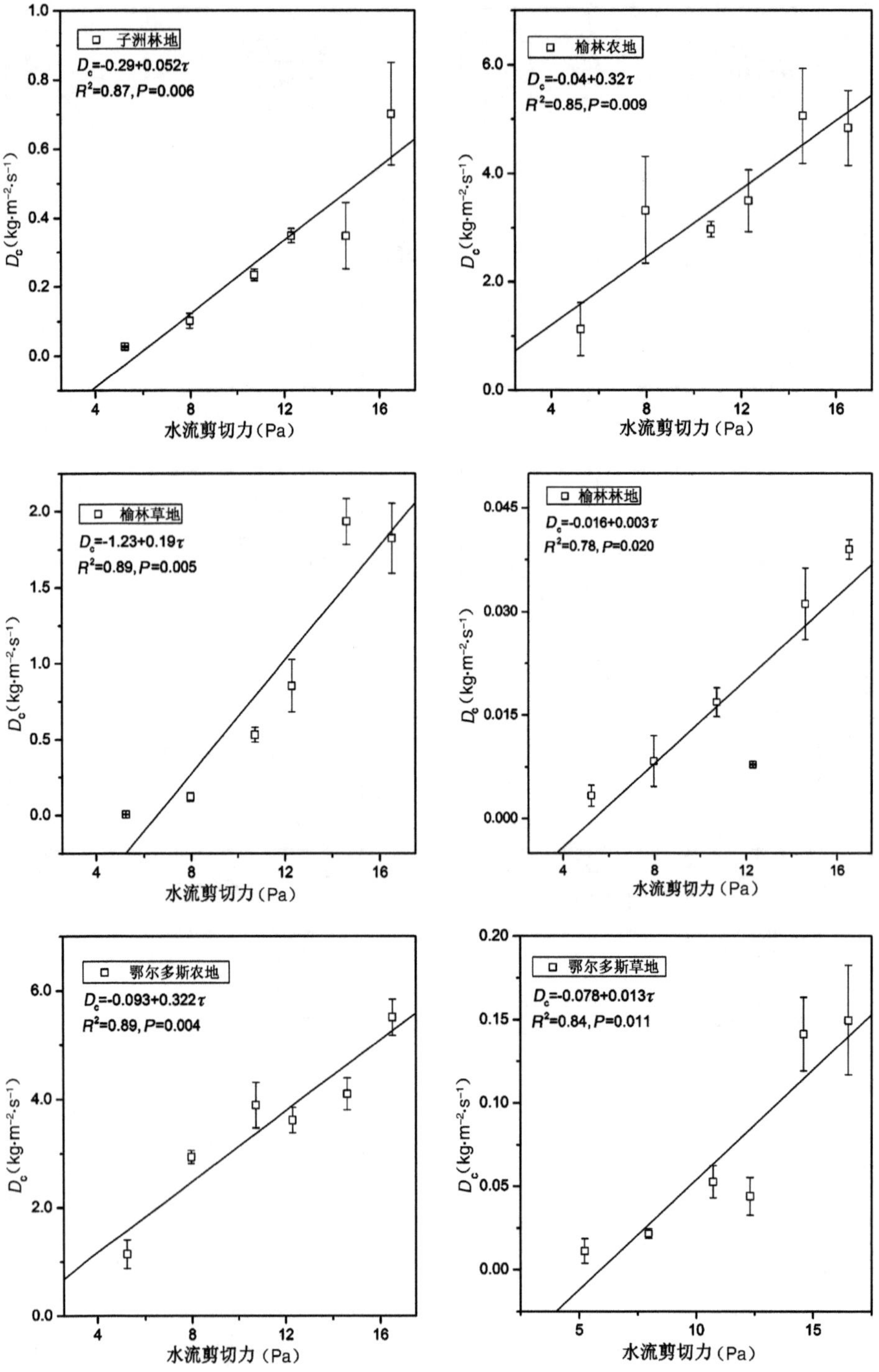
子洲林地
D_c=-0.29+0.052τ
R^2=0.87, P=0.006
榆林农地
D_c=-0.04+0.32τ
R^2=0.85, P=0.009
榆林草地
D_c=-1.23+0.19τ
R^2=0.89, P=0.005
榆林林地
D_c=-0.016+0.003τ
R^2=0.78, P=0.020
鄂尔多斯农地
D_c=-0.093+0.322τ
R^2=0.89, P=0.004
鄂尔多斯草地
D_c=-0.078+0.013τ
R^2=0.84, P=0.011
D_c (kg·m^{-2}·s^{-1})
水流剪切力 (Pa)

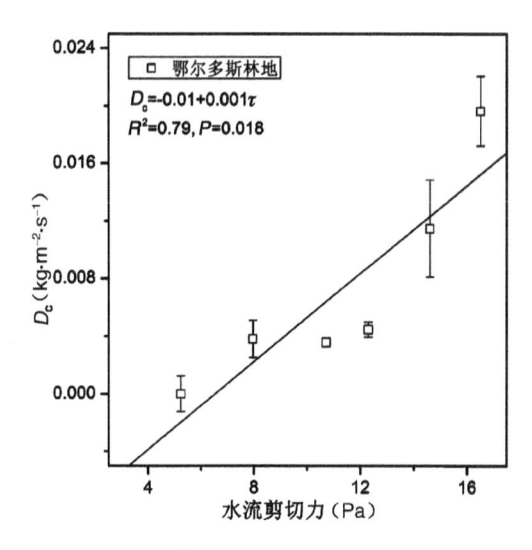

图 4-6 黄土高原尺度土壤侵蚀阻力计算结果

表 4-5 各采样点不同土地利用方式下的细沟可蚀性(K_r)和临界剪切力(τ_c)

采样点	土地利用方式	细沟可蚀性(s·m^{-1})	临界剪切力(Pa)	R^2
宜君	农地	0.268 6	1.74	0.8
	草地	0.002 5	4.32	0.92
	林地	0.002 8	3.14	0.82
富县	农地	0.342 4	3.17	0.91
	草地	0.001	6.2	0.79
	林地	0.090 2	6.96	0.78
延安	农地	0.352 2	4.99	0.81
	草地	0.002 1	5.43	0.86
	林地	0.324 6	5.58	0.79
子长	农地	0.280 4	4.57	0.99
	草地	0.034 2	6.01	0.85
	林地	0.093 6	6.6	0.74
子洲	农地	0.282 5	0.25	0.9
	草地	0.046	6.7	0.8
	林地	0.052 4	5.65	0.87

续表

采样点	土地利用方式	细沟可蚀性($s \cdot m^{-1}$)	临界剪切力(Pa)	R^2
鄂尔多斯	农地	0.312 2	0.14	0.85
	草地	0.187 2	6.56	0.89
	林地	0.003	5.37	0.78
榆林	农地	0.322 4	0.29	0.89
	草地	0.013 1	5.94	0.84
	林地	0.001 5	6.6	0.79

4.3.2 空间变异

从表4-3中可以看出不同土地利用方式下细沟可蚀性的统计性特征值。农地、草地、林地细沟可蚀性的最大值和最小值分别为 $0.352\ s \cdot m^{-1}$ 和 $0.269\ s \cdot m^{-1}$、$0.187\ s \cdot m^{-1}$ 和 $0.001\ s \cdot m^{-1}$、$0.325\ s \cdot m^{-1}$ 和 $0.002\ s \cdot m^{-1}$。农地、草地和林地细沟可蚀性的最大值和最小值之比分别为1.31、187.00和162.50。农地的平均细沟可蚀性是草地和林地的平均细沟可蚀性的7.54倍和3.81倍。单因素方差分析表明土地利用方式显著影响细沟可蚀性。土地利用方式的不同会引起近地表特征(如枯落物、生物结皮、植物根系和土壤理化性质)的不同,必然会造成不同土地利用方式之间细沟可蚀性的差异(Wang et al.,2015)。Li等(2015b)研究了黄土高原纸坊沟小流域不同土地利用方式下细沟可蚀性的差异,得出与本章研究类似的结论,其结果表明农地的细沟可蚀性分别是果园、灌木、林地、草地和荒地细沟可蚀性的9.17、11.65、26.34、28.88和42.57倍。根据Nielsen和Bouma(1985)的分类体系,农地细沟可蚀性的空间变异性为中等变异性(变异系数为0.105),草地细沟可蚀性为强变异性(变异系数为1.636),林地细沟可蚀性也为强变异性(变异系数为1.413)。农地采样点从宜君采样点到鄂尔多斯采样点,由于受相似的作物生长阶段和农事活动的影响,土壤表层状况较为一致,因此农地的细沟可蚀性的变异性与草地和林地的细沟可蚀性相比较小,为中度变异性。林地和草地的细沟可蚀性从宜君采样点到鄂尔多斯采样点,受气候因子(降水和温度)和土壤质地的影响,土壤理化性质和根系质量密度存在较大变异性(表4-2),因而导致草地和林地细沟可蚀性的强变异性。

从最南端的宜君采样点到最北端的鄂尔多斯采样点,农地、林地和草地细沟可蚀性的空间变异存在显著差异(图4-7)。农地细沟可蚀性的空间变异相对杂乱无章,为双峰曲线,延安和鄂尔多斯采样点的细沟可蚀性为两个峰值,宜君和子长两个采样点的细沟可蚀性为两个谷值。宜君农地采样点的细沟可蚀性最小,延安农地采样点的细沟可蚀性最大。从图4-7中可以看出农地细沟可蚀性与年均降水量以及土壤粒径的变化趋势无一定的关系,这可以解释为农地细沟可蚀性受农事活动(如翻耕、除草、收获等)的影响较大(Zhang et al.,2009),弱化了其他因子对农地细沟可蚀性的影响。从草地细沟可蚀性沿样线的空间变异来看,宜君的细沟可蚀性大于富县的细沟可蚀性,从富县采样点到榆林采样点草地细沟可蚀性随着年均降雨量的增加而呈增加趋势,之后在鄂尔多斯采样点急剧减小。林地采样点的细沟可蚀性为倒"U"形,延安采样点的细沟可蚀性显著大于两侧采样点的细沟可蚀性,几乎与延安农地采样点的细沟可蚀性相同。这与延安地区较为普遍的鼠类活动有关,广泛而严重的鼠类活动造成了疏松的表层土壤,进而造成较大细沟可蚀性(Geng et al.,2015)。

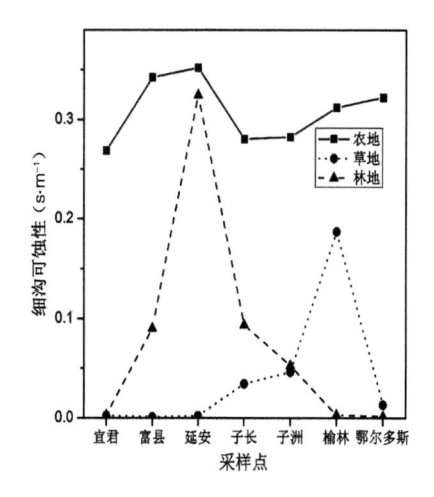

图 4-7　不同土地利用方式下细沟可蚀性沿样线的空间变异

从表4-3中可以看出,农地、草地和林地临界剪切力的最小值和最大值分别为0.140 Pa和4.990 Pa,4.320 Pa和6.700 Pa,3.140 Pa和6.960 Pa。农地、草地和林地的临界剪切力的最大值和最小值之比分别为35.64、1.55和2.22。可以看出农地的临界剪切力与草地和林地的临界剪切力相比变化范围较大。草地和林地的平均临界剪切力是农地平均临界剪切力的2.72倍和2.63倍。单因素方差分析表明,土地利用方式对临界剪切力产生显著影响($P=0.000$),农地的临界剪切力与草地($P=0.000$)和林地($P=0.000$)的临界剪切力存在显著差异,然而草地和林地的临界剪切力之间无显著差异($P=0.824$)。草地和林地的临界剪切力之间的无差异性可以解释为林地和草地具有相似的近地表特征。从变异系数来看,农地(变异系数为0.966)、草地(变异系数为0.137)和林地(变异系数为0.225)都呈中等变异性(Nielsen and Bouma,1985;耿韧 等,2014a)。

从图4-8中可以看出,农地、草地和林地临界剪切力的空间变异均显得杂乱无章。其中,草地的变化趋势与林地的变化趋势较为接近,两者均与农地临界剪切力变化趋势有较大差异。与小流域尺度的细沟可蚀性与临界剪切力的关系一样,"细沟可蚀性越大的土壤,其临界剪切力越小"(Ariathurai and Arulanandan,1978)的观点也未能在黄土高原尺度中得到体现。例如,延安农地采样点,既具有7个采样点中最大的细沟可蚀性(图4-7),也具有7个采样点中最大的临界剪切力(图4-8),这一现象显然与上述观点相左。造成这种现象的原因详见第三章小流域土壤侵蚀阻力的空间变异部分中关于临界剪切力的讨论。

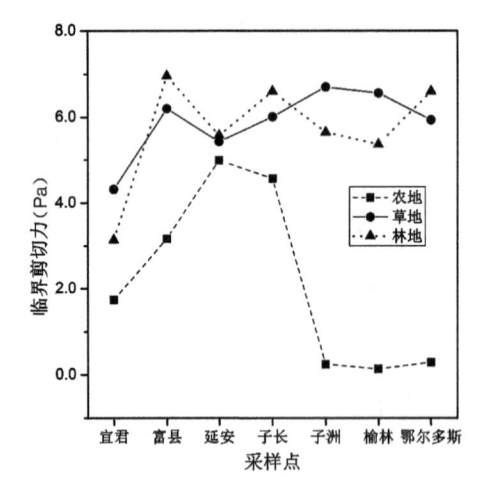

图4-8 不同土地利用方式下临界剪切力沿样线的空间变异

4.3.3 影响因素

皮尔逊相关分析表明细沟可蚀性和临界剪切力与纬度、海拔、年平均气温、年均降水量无显著相关关系。多因素方差分析表明不同土地利用方式下植被区对土壤侵蚀阻力无显著影响($P>0.05$)。这一研究结果表明,在区域尺度下,区域化变量对土壤侵蚀阻力无显著影响,这一结果至少对于本样线上的土壤侵蚀阻力的空间变异来说是正确的。

众多研究结果表明,细沟可蚀性受土壤粒径的显著影响(Gilley et al.,1993;Sheridan et al.,2000a)。然而在本章研究中,黏粒含量、粉粒含量、砂粒含量和中值粒径均与细沟可蚀性无显著的关系(表4-4),这一结果显然与Gilley等(1993)和Sheridan等(2000a)的研究结果不相符。Gilley等(1993)研究了全美30种土壤的细沟可蚀性,研究结果表明细沟可蚀性与砂粒含量正相关,而与极细砂含量负相关。Sheridan 等(2000a)研究了澳大利亚昆士兰地区 34 种土壤的细沟可蚀性,也发现土壤粒径组成对细沟可蚀性产生显著影响。在本章研究中,土壤容重与细沟可蚀性也无显著的相关关系(表 4-4),这一点与王长燕和郁耀闯(2016b)的研究结果不相符。由于黏结力和团聚体之间有着相同的黏结机制,黏结力与团聚体之间彼此高度相关(Fattet et al.,2011)。研究结果表明,黏结力与团聚体呈显著的正相关关系,细沟可蚀性随着黏结力的增加呈线性减小趋势(图 4-9),随着团聚体的增加呈指数减小趋势(图 4-10)。这一研究结果与 Yu 等(2014b)在黄土高原对

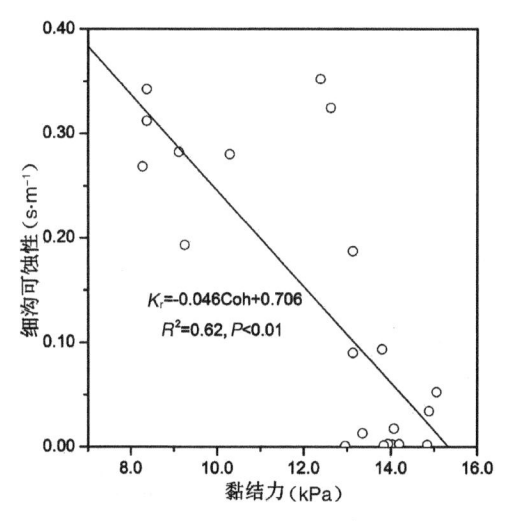

图 4-9 黏结力(Coh)与细沟可蚀性(K_r)的关系

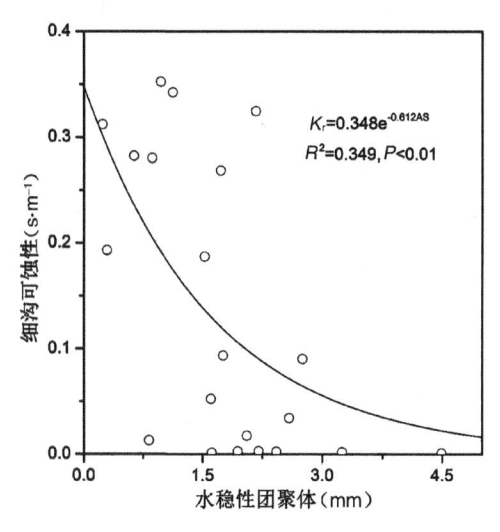

图 4-10 水稳性团聚体(AS)与细沟可蚀性(K_r)的关系

4种农地细沟可蚀性季节变化的研究结果一致。和土壤分离能力与土壤有机质的关系相似，细沟可蚀性与土壤有机质之间也无显著的相关关系。然而在 Geng 等（2017）的研究中，细沟可蚀性却随着土壤有机质的增加而呈幂函数减小。在本章研究中，细沟可蚀性受根系质量密度的影响显著，随着根系质量密度的增大而呈幂函数减小，在根系质量密度为 $0\sim2\ kg\cdot m^{-3}$ 范围内，细沟可蚀性迅速减小，之后减小趋势变缓（图4-11）。这一研究结果与 Zhang 等（2014）对柳枝稷和无芒雀麦细沟可蚀性季节变化的研究结果一致。

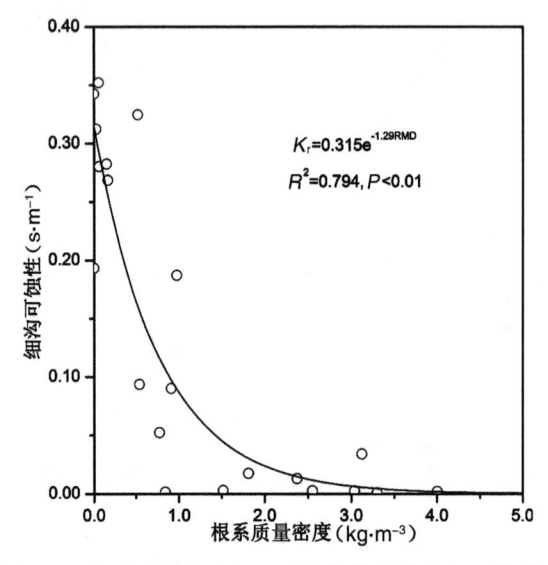

图 4-11　根系质量密度（RMD）与细沟可蚀性（K_r）的关系

皮尔逊相关分析表明临界剪切力与粉粒含量显著正相关（$P<0.05$）（表4-4），说明黏结力是预测临界剪切力最好的土壤性质之一（Léonard and Richard，2004）。图 4-12 表明临界剪切力随着黏结力的增加而线性增大（$R^2=0.634, P<0.01$）。这一结果与 Wang 等（2012）对中国亚热带地区农地土壤侵蚀阻力的研究结果一致，其研究亦表明临界剪切力与黏结力呈良好的线性关系。如上文所述，团聚体作为土壤颗粒间黏合物质，具有增加土壤抵抗侵蚀能力的作用，本章研究中临界剪切力随着团聚体的增加呈对数函数增大（图 4-13）。本章研究中临界剪切力与黏粒含量、砂粒含量、中值粒径、容重、土壤有机质和根系质量密度无显著的相关关系（表 4-4）。

如上文所述，本章研究结果表明局部的土壤理化性质和根系质量密度，而不是纬度、海拔、温度、降水和植被区控制着土壤侵蚀阻力的空间变异。不同的土地利用方式对区域化变量有着不同的响应机制。总体而言，农地的土壤侵蚀阻力主要受农事活动的影响,受区域化变量(如温度和降水)的影响不明显。与农地相比,林地和草地的土壤侵蚀阻力更受气候因子的影响。黏结力、团聚体和根系质量密度,这些能够在坡面和小流域尺度上模拟土壤侵蚀阻力的变量,也能很好地模拟区域尺度上的土壤侵蚀阻力。

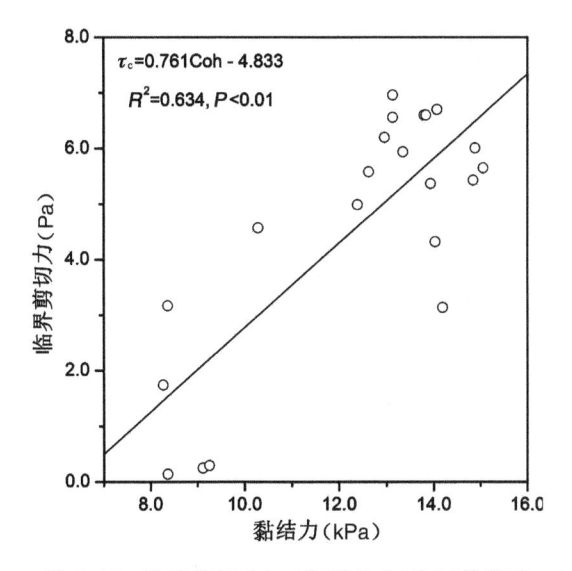

图 4-12 临界剪切力(τ_c)与黏结力(Coh)的关系

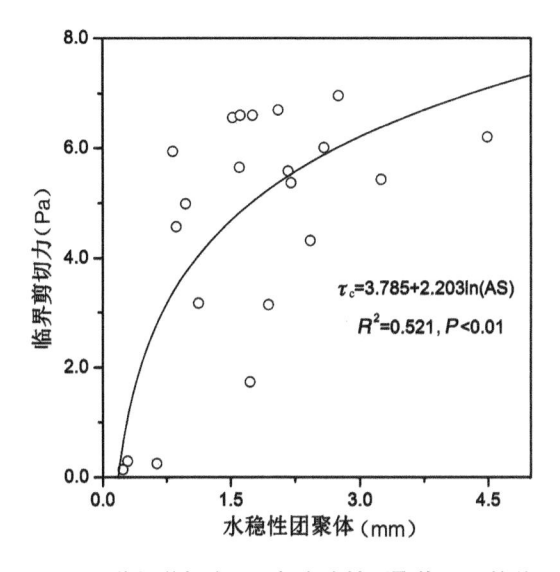

图 4-13 临界剪切力(τ_c)与水稳性团聚体(AS)的关系

4.4 本章小结

本章在黄土高原布设了一条 508 km 的样线,研究了黄土高原尺度上农地、草地和林地 3 种土地利用方式下土壤分离能力和土壤侵蚀阻力的空间变异,并探讨了影响土壤分离能力和土壤侵蚀阻力空间变异的主要影响因素,得出以下主要结论。

(1) 农地、草地和林地的土壤分离能力和土壤侵蚀阻力沿样线的空间变异存在显著差异。农地土壤分离能力沿样线的变化杂乱无章。草地的土壤分离能力,除了宜君和鄂尔多斯采样点外,随着年均降水量的增大而增大。林地土壤分离能力的空间变异呈倒"U"形,其中延安采样点的土壤分离能力为 7 个采样点中的最大值。3 种土地利用方式下细沟可蚀性的空间变异与土壤分离能力的空间变异相似。3 种土地利用方式下临界剪切力的空间变异显得杂乱无章。

(2) 土壤分离能力与粉粒含量、容重、黏结力、团聚体和根系质量密度呈负相关关系,与砂粒和中值粒级呈正相关关系。细沟可蚀性与黏结力、团聚体和根系质量密度呈显著的相关关系,临界剪切力与粉粒含量、黏结力和团聚体呈显著的相关关系。控制土壤分离能力和土壤侵蚀阻力空间变异的主要因素为土壤理化性质、根系、土地利用方式和农事活动,而不是区域化变量(如纬度、海拔、降水、温度和植被区)。

第 5 章

东部水蚀区尺度土壤侵蚀阻力空间变异

5.1 实验方法

5.1.1 研究区概况

按侵蚀营力,我国可以划分为三大土壤侵蚀类型区:东部水蚀区(以水蚀为主)、西北风力侵蚀区(以风力侵蚀为主)和青藏高原冻融及冰川侵蚀区(以冻融侵蚀为主)(唐克丽 等,2004;吴发启和张洪江,2012)。东部水蚀区位于我国东部,大体分布在我国大兴安岭—阴山—贺兰山—青藏高原东缘一线以东,受东南季风和西南季风控制,纵贯 62 个纬度,横贯 50 个经度,总面积为 454.4 万 km^2,居住人口约 11.5 亿,占中国人口的 94%。该区包括我国东部(发达地区)、中部(欠发达)和西部的一部分,是我国经济活动最为活跃的地方。根据自然地理特征和水土流失特点,该区又可以进一步划分为 6 个水力侵蚀区:西北黄土高原区($Ⅲ_1$)、东北低山丘陵和漫岗丘陵区($Ⅲ_2$)、北方山地丘陵区($Ⅲ_3$)、南方山地丘陵区($Ⅲ_4$)、四川盆地及周围山地丘陵区($Ⅲ_5$)和云贵高原区($Ⅲ_6$)(郭索彦,2010;唐克丽 等,2004),表 5-1 列出了 6 大水力侵蚀区的基本情况。

表 5-1 6 个二级水力侵蚀区的基本信息

二级水力侵蚀区	地形	气候区	植被区	耕作制度	二级水力侵蚀区主要侵蚀特征
西北黄土高原	丘陵,平原	中温带,暖温带	森林,森林草原,草原,荒漠草原	以旱粮为主,以小麦为主,旱粮与小麦兼作	世界上侵蚀最为严重的地区之一,侵蚀模数为 5 000~10 000 t·km^{-2}·a^{-1},黄河的高含沙量主要来自黄土高原的水土流失
东北低山丘陵和漫岗丘陵区	高原,山地,丘陵,平原	寒温带,中温带,暖温带	针叶林,针阔混交林,草原	以旱粮为主,以小麦为主,以水稻为主	轻度侵蚀,以坡耕地侵蚀为主

续表

二级水力侵蚀区	地形	气候区	植被区	耕作制度	二级水力侵蚀区主要侵蚀特征
北方山地丘陵区	山地,平原,丘陵	北亚热带,中亚热带,暖温带	针阔混交林,落叶阔叶林,草原,常绿阔叶林	小麦与旱粮兼作,以小麦为主,以旱粮为主	侵蚀面积为13.33万 km^2;中度侵蚀占42.96%,轻度侵蚀占50%
南方山地丘陵区	平原,丘陵,山地	赤道边缘,南亚热带,中亚热带,中温带	常绿阔叶林,季雨林	水稻和小麦兼作,以小麦为主,以旱粮为主	该区是我国水土流失仅次于黄土高原的严重流失地区,该区的水土流失面积为13.12万 km^2,平均侵蚀模数为3 419.8 $t \cdot km^{-2} \cdot a^{-1}$,崩岗侵蚀剧烈
四川盆地及周围山地丘陵区	山地,平原,高原	北亚热带,中亚热带,暖温带	落叶阔叶林,常绿阔叶林	水稻和小麦兼作,水稻和旱粮兼作,以水稻为主,小麦和旱粮兼作	坡耕地面积大,水土流失以中度侵蚀为主,该区是长江上游的泥沙主要来源之一
云贵高原区	高原,山地,丘陵	赤道边缘,中亚热带,暖温带	常绿阔叶林,季雨林	水稻和小麦兼作,水稻和旱粮兼作,以水稻为主	轻度侵蚀,中度侵蚀,强度侵蚀。陡坡开垦石漠化现象较重

中国东部水蚀区大多数侵蚀泥沙来源于坡耕地(211 700 km^2)。由于农事活动的强烈扰动和不合理的土地利用方式,水蚀区大部分坡耕地面临着严重的土壤侵蚀问题。长江和黄河中上游地区大部分坡耕地的土壤侵蚀模数在5 000 $t \cdot km^{-2} \cdot a^{-1}$以上(水利部 等,2010)。长江流域的坡耕地水土流失现象十分严重,年均侵蚀量超过9亿t,占整个长江流域的40.2%(陶建格,2014)。每年从陕西省流入黄河的泥沙约为5亿t,40%~60%的侵蚀泥沙来自坡耕地。海河流域的产沙量为4亿t,四分之一泥沙来自上游的坡耕地。因此坡耕地水土流失的治理对于东部水蚀区的水土保持建设具有十分重要的意义。

5.1.2 土样采集

农地的土壤分离能力存在季节变异,受耕作、除草、收获等农事活动的影响较大(Yu et al., 2014a;Zhang et al., 2009)。理论上,为了减少季节变化对土壤分离能力的影响,在东部水蚀区不同采样点同时进行土壤侵蚀阻力空间变异的研究较为合理。然而实际上,这个工作量巨大,对于一个研究小组来说是不可能完成的。此外,东部水蚀区新耕坡耕地由于农事活动的原因,表层土壤(约20 cm)的土壤团聚性完全遭到破坏,不同地区新耕农地土壤侵蚀阻力的差异主要由土壤理化性质的差异引起(Geng et al.,2017)。因此本章采用扰动土(相对于原状土,扰动土土壤结构遭到破坏,性状均一)来进行研究。

根据1∶4 000 000土壤类型图和第二次全国土壤普查土壤质地数据,依据土壤类型和土壤质地,在中国东部水蚀区一共布设了36个土壤类型的采样点,每个采样点的具体信息见图5-1和表5-2。在最初采样点布设方案中,36个采样点的土壤质地类型包含全部的12种美国土壤质地类型(邵明安 等,2006),然而实际土壤质地测定结果却只包含了6种土壤质地类型,造成这种差异的原因可能是土壤质地的空间异质性(Li et al.,2015a),也可能是土壤质地测定方法的差异(Geng et al.,2017)。采样点要求坡面相对平坦,土壤表层性状也相对均一。农作物要求代表当地主要农作物类型,在当年春季或者前一年冬季播种。采样前,将土壤表层的枯落物用毛刷扫除,按照"S"形进行采样,"S"形至少包括6个采样点,面积至少为600 m²。每个采样点采集100 kg的扰动土,充分混合,放置阴凉处,自然风干。风干后的土壤一部分用于土壤侵蚀阻力测定,一部分用于土壤理化性质(土壤质地、电导率、土壤pH、阳离子交换量、交换性的钾钠钙镁、游离的氧化铁铝和有机质)测定。在采集扰动土壤的同时,应测定土壤容重(4个重复),并记录各采样点的坡度、坡向、植被类型、盖度等信息(表5-2)。各采样点的土壤理化性质信息见表5-3和表5-4。

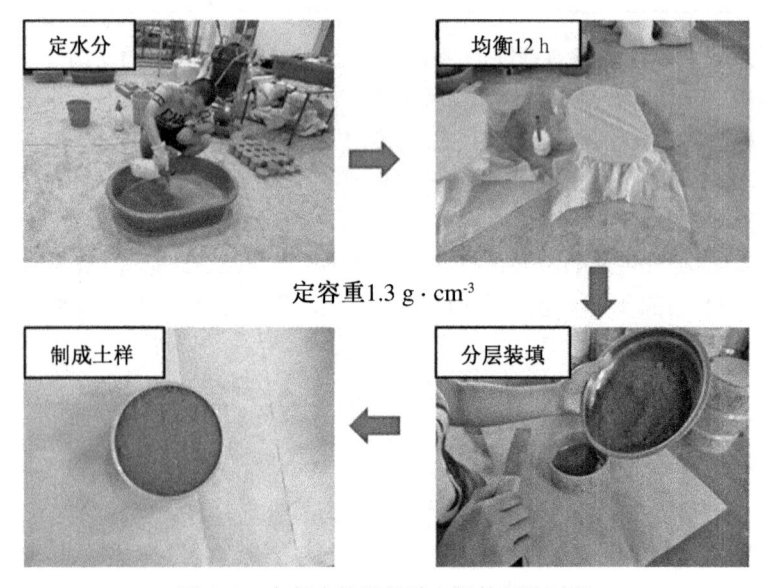

图 5-1 东部水蚀区扰动土样的制作过程

表 5-2　东部水蚀区各采样点的基本信息

采样点	土类	海拔(m)	坡度(%)	作物	盖度(%)
根河	漂灰土	748	19	土豆	0
牙克石	灰色森林土	687	2	玉米	0
五大连池	黑土	340	17	玉米	0
查巴奇	暗棕壤	331	24	玉米	0
齐齐哈尔	沼泽土	146	6	玉米	0
乾安	盐化黑钙土	137	5	玉米	0
白城	草甸土	138	3	玉米	0
舒兰	草甸白浆土	30	15	玉米	0
长春	黑黏土	200	9	玉米	0
图昌	盐化潮土	148	7	玉米	0
赤峰	草甸盐土	583	7	玉米	3
沽源	暗栗钙土	1 502	7	玉米	0
盘山	潜育水稻土	7	6	玉米	0
尚义	黄绵土	1 414	9	玉米	0
兴隆	褐土	619	15	玉米	0
吴忠	棕钙土	1 170	9	玉米	0
盐池	灰钙土	1 092	5	玉米	0
中卫	荒漠风沙土	1 222	3	小麦	93
吴起	黑垆土	1 263	13	大豆	0
兰州	潮灌淤土	1 686	17	玉米	0
巨野	草甸盐土	16	3	小麦	93
响水	滨海盐土	3	5	小麦	96
灵璧	潮土	18	7	小麦	95
陇南	棕壤	989	21	油菜	94
肥西	新成土	6	4	小麦	98

续表

采样点	土类	海拔(m)	坡度(%)	作物	盖度(%)
大悟	黄棕壤	129	9	小麦	97
盘山	石灰性紫色土	309	17	油菜	93
江陵	淹育水稻土	37	5	油菜	94
宜丰	红壤	79	32	油菜	96
安顺	黑色石灰土	1 453	11	油菜	97
宁远	黄壤	290	5	油菜	92
贺州	黄色石灰土	116	7	甘蔗	9
都安	棕色石灰土	149	4	油菜	91
元阳	燥红壤	284	21	玉米	94
岑溪	赤红壤	129	20	甘蔗	7
湛江	砖红壤	105	6	甘蔗	6

表 5-3 各采样点土壤物理性质

采样点	黏粒(%)	粉粒(%)	砂粒(%)	质地	$D_{50}(\mu m)$	$M(\%)$	$D_g(mm)$
根河	21.17	64.82	14.01	粉壤土	14.12	63.12	0.02
牙克石	27.08	58.12	14.80	粉黏壤土	12.43	60.14	0.02
五大连池	43.04	50.47	6.49	粉黏土	5.89	59.37	0.01
查巴奇	34.33	62.58	3.09	粉黏壤土	7.69	56.64	0.01
齐齐哈尔	7.30	14.94	77.76	壤砂土	154.27	29.29	0.36
乾安	10.33	56.46	33.22	粉壤土	32.54	58.62	0.06
白城	14.29	24.27	61.44	砂壤土	90.43	35.96	0.16
舒兰	17.35	75.21	7.44	粉壤土	17.14	59.28	0.02
长春	11.79	75.99	12.22	粉壤土	24.49	67.01	0.03
图昌	15.69	77.42	6.89	粉壤土	18.46	67.43	0.02
赤峰	10.87	69.04	20.09	粉壤土	26.95	80.24	0.04

续表

采样点	黏粒(%)	粉粒(%)	砂粒(%)	质地	$D_{50}(\mu m)$	$M(\%)$	$D_g(mm)$
沽源	8.97	18.23	72.79	砂壤土	42.08	37.86	0.28
盘山	15.93	67.89	16.18	粉壤土	18.06	67.65	0.03
尚义	8.34	8.28	83.39	壤砂土	36.65	22.37	0.42
兴隆	14.54	69.15	16.31	粉壤土	19.57	51.36	0.03
吴忠	11.51	46.53	41.96	壤土	41.34	50.47	0.08
盐池	20.72	66.07	13.22	粉壤土	15.87	61.76	0.02
中卫	7.53	39.42	53.05	砂壤土	64.75	28.60	0.14
吴起	15.38	68.03	16.59	粉壤土	23.10	72.75	0.03
兰州	24.23	69.14	6.62	粉壤土	10.77	63.56	0.02
巨野	17.96	73.35	8.70	粉壤土	15.31	63.35	0.02
响水	21.42	74.23	4.34	粉壤土	13.18	60.57	0.02
灵璧	16.17	79.24	4.59	粉壤土	18.75	73.14	0.02
陇南	17.36	73.07	9.57	粉壤土	12.82	63.67	0.02
肥西	20.07	78.35	1.58	粉壤土	13.83	71.58	0.01
大悟	10.68	64.96	24.35	粉壤土	22.48	51.86	0.04
盘山	24.03	67.47	8.50	粉壤土	12.29	46.62	0.02
江陵	23.72	72.38	3.90	粉壤土	11.50	67.46	0.01
宜丰	33.21	57.75	9.04	粉黏壤土	7.51	52.09	0.01
安顺	26.60	69.58	3.82	粉壤土	9.78	48.76	0.01
宁远	54.71	43.71	1.58	粉黏	3.75	44.98	0.00
贺州	35.18	63.45	1.37	粉黏壤土	7.14	48.60	0.01
都安	37.96	60.60	1.44	粉黏壤土	7.10	56.58	0.01
元阳	21.23	71.52	7.25	粉壤土	11.92	47.39	0.02
岑溪	39.42	57.03	3.55	粉黏壤土	6.48	42.36	0.01
湛江	11.16	62.63	26.21	粉壤土	32.54	19.25	0.05

注：D_{50} 为中值粒径，M 为土壤粒径参数，D_g 为平均几何粒径。

表 5-4　各采样点土壤化学性质

采样点	EC (μS·cm^{-1})	pH (%)	Na$^+$ (%)	K$^+$ (%)	Mg^{2+} (%)	Ca^{2+} (%)	Al (%)	Fe (%)	CEC (cmol·kg^{-1})	ESP (%)	SOM (g·kg^{-1})
根河	80.8	6.7	0.017	0.023	0.085	0.88	2.16	1.02	14.3	5.05	64.42
牙克石	104.9	6.3	0.013	0.046	0.066	0.47	1.23	0.63	12.6	4.53	45.28
五大连池	38.8	5.5	0.015	0.028	0.078	0.48	2.02	0.71	15.7	4.04	14.70
查巴奇	57.7	5.5	0.011	0.015	0.041	0.28	2.08	1.11	9.8	5.04	34.12
齐齐哈尔	219.0	8.6	0.035	0.011	0.018	0.21	0.43	0.25	2.9	52.93	5.77
乾安	176.9	8.4	0.028	0.009	0.064	3.15	0.48	0.21	10.9	10.99	16.42
白城	95.8	8.6	0.014	0.009	0.049	1.04	0.37	0.15	7.6	7.86	2.10
舒兰	46.8	5.5	0.013	0.017	0.049	0.27	1.27	0.77	8.5	6.89	13.27
长春	236.0	7.8	0.026	0.016	0.052	0.72	1.20	0.53	14.1	8.03	29.62
图昌	73.7	6.1	0.013	0.015	0.045	0.30	1.41	0.86	9.4	6.03	11.50
赤峰	112.2	8.3	0.013	0.015	0.043	2.21	0.53	0.45	10.7	5.16	3.87
沽源	55.4	7.3	0.009	0.008	0.017	0.24	0.65	0.47	5.1	8.06	11.33
盘山	789.0	7.8	0.077	0.019	0.092	0.51	1.34	0.49	11.0	30.37	22.68
尚义	37.1	7.6	0.010	0.006	0.011	0.13	0.45	0.26	3.5	13.04	3.78
兴隆	81.9	7.4	0.010	0.011	0.052	0.26	1.66	1.27	7.3	5.98	17.34
吴忠	115.6	8.5	0.015	0.010	0.046	1.72	0.32	0.42	7.1	9.23	3.68
盐池	159.9	8.6	0.027	0.017	0.056	2.27	0.42	0.52	5.7	20.26	5.48
中卫	500.0	8.8	0.059	0.023	0.178	1.04	0.29	0.22	3.3	77.39	2.15
吴起	137.2	8.3	0.012	0.025	0.039	2.24	0.47	0.60	6.2	8.75	5.70
兰州	144.9	8.3	0.027	0.026	0.073	2.38	0.60	0.85	8.2	14.55	11.08
巨野	130.8	8.0	0.035	0.019	0.065	2.63	0.80	0.76	9.0	16.82	10.31
响水	305.0	8.0	0.050	0.059	0.113	3.39	1.01	0.95	10.9	19.86	13.05
灵璧	85.3	7.9	0.025	0.018	0.047	0.47	1.61	0.93	10.4	10.39	4.18
陇南	107.1	8.5	0.014	0.013	0.045	1.55	0.59	1.07	5.3	11.39	14.18
肥西	82.2	6.9	0.024	0.033	0.036	0.28	1.36	1.07	6.3	16.87	7.79
大悟	111.9	7.7	0.025	0.010	0.032	0.35	0.96	1.01	4.6	23.87	9.85
盘山	103.4	7.8	0.013	0.019	0.017	0.88	0.74	1.40	13.5	4.25	16.85
江陵	138.0	7.9	0.026	0.020	0.049	1.68	1.29	1.64	12.8	8.68	10.71
宜丰	58.4	4.4	0.015	0.009	0.004	0.05	4.25	2.37	7.3	9.04	16.10

续表

采样点	EC (μs·cm⁻¹)	pH (%)	Na⁺ (%)	K⁺ (%)	Mg²⁺ (%)	Ca²⁺ (%)	Al (%)	Fe (%)	CEC (cmol·kg⁻¹)	ESP (%)	SOM (g·kg⁻¹)
安顺	59.0	5.2	0.012	0.011	0.027	0.13	1.56	0.67	4.7	10.84	19.84
宁远	23.0	6.6	0.013	0.008	0.011	0.12	8.09	6.41	6.0	9.63	2.78
贺州	54.0	6.6	0.026	0.012	0.022	0.20	6.05	4.09	5.5	20.60	16.67
都安	55.6	4.8	0.010	0.008	0.003	0.07	8.68	4.50	3.0	14.24	11.80
元阳	71.3	7.1	0.014	0.019	0.048	0.34	0.82	1.20	8.0	7.52	22.49
岑溪	39.3	4.6	0.010	0.005	0.005	0.02	8.31	3.70	3.9	11.20	9.01
湛江	67.6	5.0	0.011	0.017	0.008	0.04	15.41	7.89	5.8	8.30	19.00

注：EC为电导率，CEC为阳离子交换量，ESP为交换性钠百分比，SOM为土壤有机质。

5.1.3 土样测定

将自然风干的土壤，挑去根系和枯枝落叶物之后，过2 mm的筛。将过筛后的土样放入盆中，充分混合均匀后，用小铝盒在不同的部位取8个土样，用烘干法测定风干土的含水量，用以计算环刀内装填风干土的重量和加水量。为了使土样易于填装，将盆中的风干土用喷壶加水至统一的土壤含水量（15%）后，密闭均衡12 h。由于36种土壤类型采样点样地土壤容重存在较大变异性，且农地在翻耕过后表层土壤容重差异较小，因此36种土壤类型的扰动土统一按照36个采样点样地土壤容重的平均值（1.30 g·cm⁻³）进行装填（图5-1）。一共制作了1 620个土样（36种土地利用方式×9个剪切力×5个重复）用于土壤分离能力测定。之后进行土样加水浸泡和晾置步骤，其步骤与原状土的步骤相同。

5.2 土壤分离能力空间变异

5.2.1 空间变异

从图5-2中可以看出，中卫的土壤分离能力最强（4.78 kg·m⁻²·s⁻¹），宜丰的土壤分离能力最弱（0.002 kg·m⁻²·s⁻¹），36个土壤类型采样点的均值为0.96 kg·m⁻²·s⁻¹。土壤分离能力变化的范围与Zhang等（2002）对扰动土土壤分离能力的测定值一致。36种土壤类型采样点的平均土壤分离能力与Yu等（2014a）研究的刚刚翻耕过农地的土壤分离能力值相似，是Zhang等（2009）研究中农地土壤分离能力的4.07~8.00倍。本章研究与Zhang等（2009）研究的平均土壤分离能力之间的差异与耕作后土壤的固结压实有关。如图 5-3 所示,土壤分离能力较大的土壤类型采样点位于西北黄土高原区($Ⅲ_1$),土壤分离能力较小的土壤类型采样点位于南方山地丘陵区($Ⅲ_4$)和东北低山丘陵和漫岗丘陵区($Ⅲ_2$)。36 个土壤类型采样点的最大值与最小值之比为 2 522,36 个土壤类型采样点的土壤分离能力的变异系数为 1.30,表明东部水蚀区的土壤分离能力的空间变异呈强度变异性,这一结果与东部水蚀区土壤理化性质之间的巨大差异有关(表 5-3 和表 5-4)(Geng et al.,2015;Sun et al.,2016)。

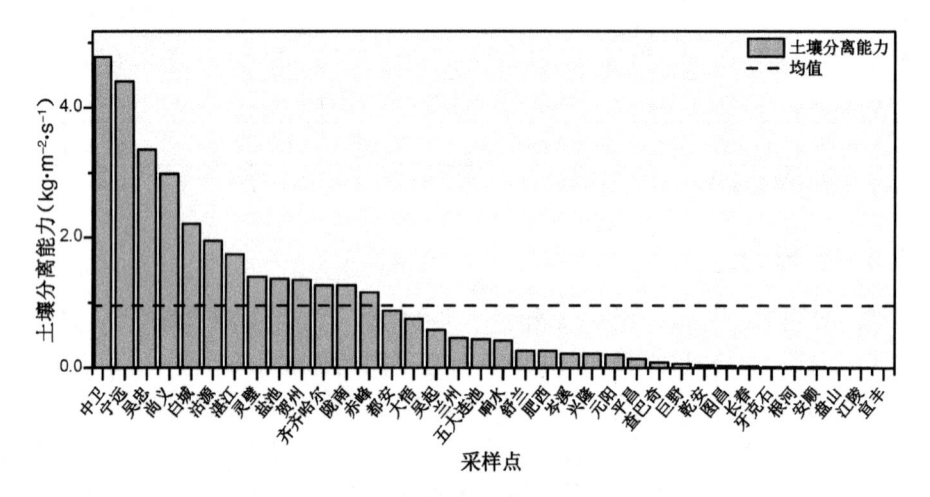

图 5-2 各土壤类型采样点的土壤分离能力

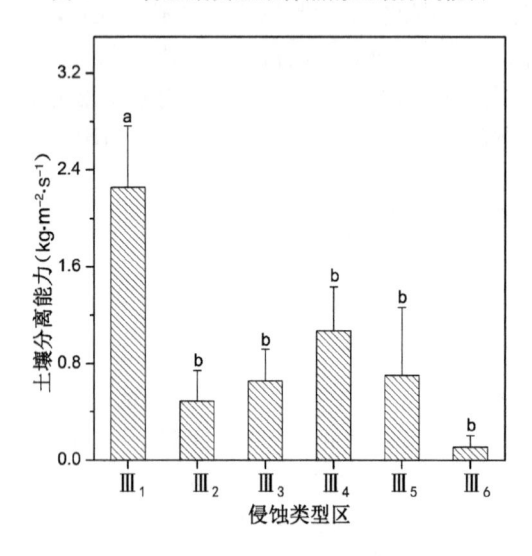

图 5-3 各侵蚀类型区的土壤分离能力比较

(注:不含相同字母的侵蚀类型区之间存在显著差异)

如图 5-3 所示,6 个二级土壤侵蚀类型区土壤分离能力从大到小的顺序是:西北黄土高原区($Ⅲ_1$)、南方山地丘陵区($Ⅲ_4$)、四川盆地及周围山地丘陵区($Ⅲ_5$)、北方山地丘陵区($Ⅲ_3$)、东北低山丘陵与漫岗丘陵区($Ⅲ_2$)和云贵高原区($Ⅲ_6$)。6 个二级土壤侵蚀区中,西北黄土高原区和南方山地丘陵区的土壤分离能力最大,这一研究结果与唐克丽等(2004)的研究结果一致,他们认为 6 个二级土壤类型区中,西北黄土高原和南方山地丘陵区为严重侵蚀区。此外,Zhang K. L. 等(2008)用径流小区对中国东部 13 种主要土壤类型的土壤可蚀性进行了研究,也得出了相似的结论。单因素方差分析表明西北黄土高原区的土壤分离能力与其他 5 个二级土壤侵蚀区存在显著差异,而其他 5 个二级土壤侵蚀区之间则无显著差异。这种现象可能与其他 5 个二级土壤侵蚀区相较黄土高原地区具有极易侵蚀的土壤有关(Zhang et al.,2009;Zhang and Liu,2005)。

如图 5-4 所示,6 种土壤质地土壤分离能力从大到小的顺序依次是:壤土(3.36 kg·m^{-2}·s^{-1})、砂壤土(2.98 kg·m^{-2}·s^{-1})、粉黏土(2.42 kg·m^{-2}·s^{-1})、壤砂土(2.13 kg·m^{-2}·s^{-1})、粉壤土(0.48 kg·m^{-2}·s^{-1})和粉黏壤土(0.43 kg·m^{-2}·s^{-1})。Su 等(2014)研究了北京地区 11 种土壤类型的土壤分离能力,这 11 种土壤类型的土壤分离能力比本章实验的土壤分离能力小一个数量级,造成这种差异的原因可能是本章研究采用的是扰动土,而在他们的实验中采用的是原状土(Zhang et al.,2003)。此外,在 Su 等(2014)的研究中,壤砂土的土壤分离能力最大,粉壤土的土壤分离能力最小。然而,在本章研究中,壤土的土壤分离能力最大,

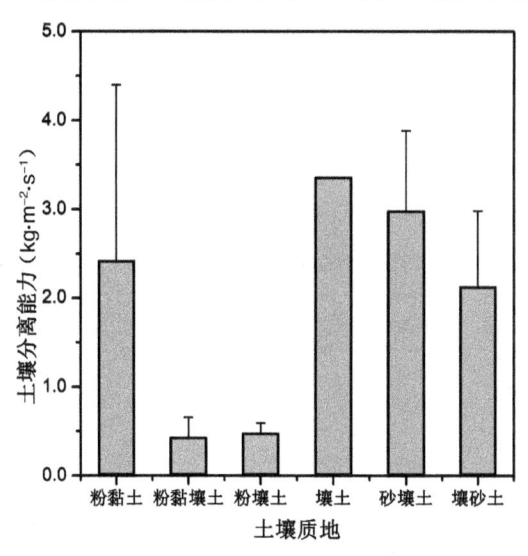

图 5-4 不同土壤质地的土壤分离能力

粉黏壤土的土壤分离能力最小。虽然两者的实验装置和测定方法一样，但土壤分离能力却有着明显差异，这种差异也可以解释为两者土样（扰动土和原状土）之间的差异，原状土样中植物根系和团聚体会对土壤分离能力产生显著的影响。

5.2.2 影响因素

从表 5-5 中可以看出，除了黏粒含量外，土壤分离能力与土壤质地呈显著的相关关系。虽然一般认为黏粒含量具有增加土壤颗粒间黏结力的作用，然而在本章研究中，黏粒含量与土壤分离能力无显著的相关关系。这一结果与 Wang 等（2014a）对不同退耕模式下土壤分离能力的研究结果一致。土壤分离能力随着粉粒含量和土壤粒径参数的增加分别呈线性函数（图 5-5）和幂函数（图 5-6）减小，这一研究结果与 Geng 等（2015）的研究结果一致。然而，Li 等（2015b）研究了不同土地利用方式下的土壤分离能力，却发现土壤分离能力与粉粒含量呈显著的正相关关系。砂粒之间由于缺乏黏结力的作用，容易受流水的作用而被分离（Geng et al.，2015）。本章研究中，土壤分离能力与部分土壤化学性质（如电导率、土壤 pH、交换性的钾钠钙镁和游离的氧化铁铝）无显著的相关关系（表 5-5）。蔡强国等（2004）利用冲蚀槽和人工模拟降雨实验研究了 10 种土壤类型的侵蚀过程，研究结果表明游离氧化铁铝对细沟侵蚀性的影响不明显。本章研究中，土壤分离能力随着阳离子交换量的增加而呈指数函数减小（图 5-7），这可以解释为阳离子交换量与土壤团聚体有关，一些阳离子（如 Ca^{2+}、Al^{3+} 和 Fe^{3+}）能够促进团聚体的形成，从而增加土壤抵抗侵蚀的能力（Bronick and Lal，2005）。钠离子具有分散黏粒和破坏团聚体的作用（Bronick and Lal，2005），在本章研究中土壤分离能力与交换性钠百分比呈显著的正相关关系。土壤有机质具有团聚土壤颗粒的作用（Geng et al.，2015），本章研究中土壤分离随着有机质的增加而呈幂函数形式减少，在 0～20 g·kg^{-1} 范围土壤分离能力迅速减小，之后则减小缓慢（图 5-8）。

表 5-5 土壤分离能力、土壤侵蚀阻力和土壤理化性质之间的相关关系

土壤理化性质	土壤分离能力	细沟可蚀性	临界剪切力
黏粒含量	−0.084	−0.18	−0.164
粉粒含量	−0.600**	−0.729**	0.060
砂粒含量	0.523**	0.673**	0.032
D_{50}	0.361*	0.443**	0.045
D_g	0.454**	0.633**	0.144

续表

土壤理化性质	土壤分离能力	细沟可蚀性	临界剪切力
M	-0.538^{**}	-0.601^{**}	0.036
EC	0.064	-0.003	0.108
pH	0.293	0.303	-0.002
Ca^{2+}	-0.072	-0.104	-0.058
K^+	-0.251	-0.306	-0.116
Mg^{2+}	0.108	-0.02	-0.155
Na^+	0.064	-0.005	0.154
Al	0.127	0.069	-0.148
Fe	0.203	0.125	-0.163
CEC	-0.483^{**}	-0.544^{**}	-0.033
ESP	0.437^{**}	0.385^{*}	0.002
SOM	-0.492^{**}	-0.494^{**}	-0.061

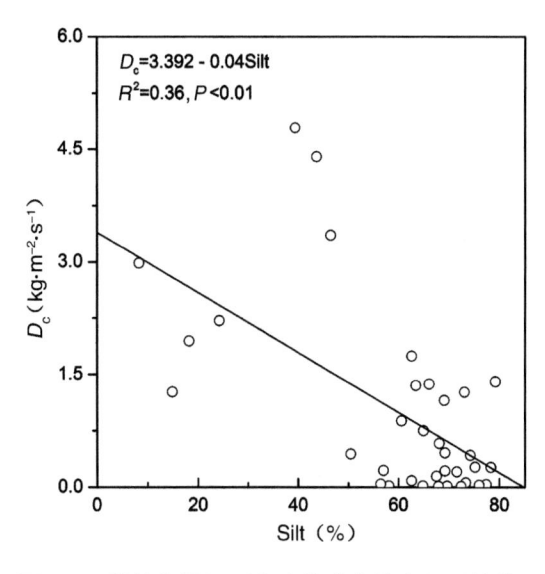

注：D_{50} 为中值粒径(mm)，D_g 为平均几何粒径(mm)，M 为土壤粒径参数(%)，EC 为电导率(μs·cm^{-1})，CEC 为阳离子交换量(cmol·kg^{-1})，ESP 为交换性钠百分比(%)，SOM 为土壤有机质(g·kg^{-1})。

图 5-5　粉粒含量(Silt)与土壤分离能力(D_c)的关系

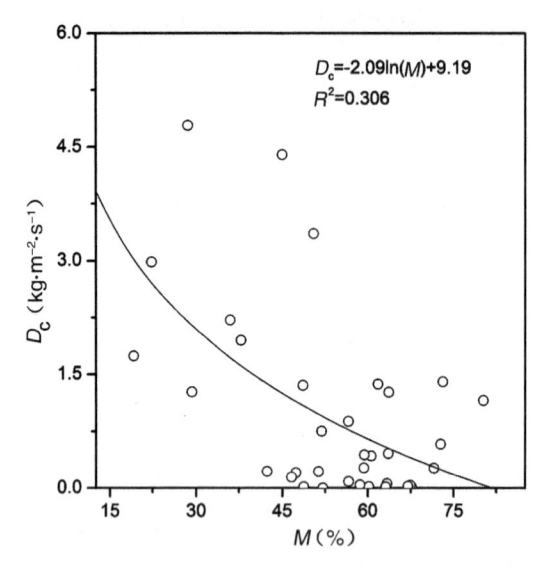

图 5-6 土壤粒径参数(M)与土壤分离能力(D_c)的关系

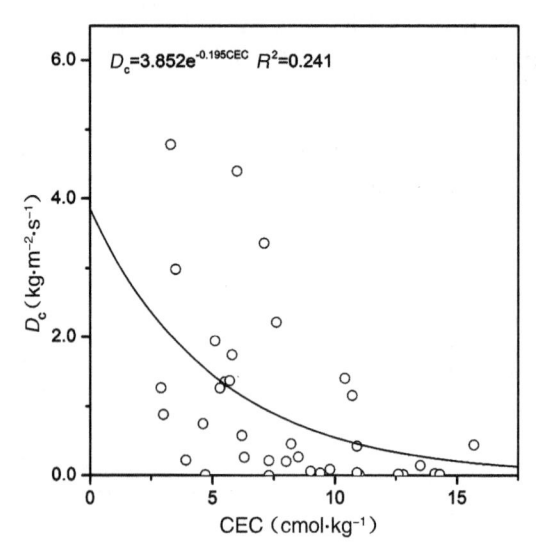

图 5-7 阳离子交换量(CEC)与土壤分离能力(D_c)的关系

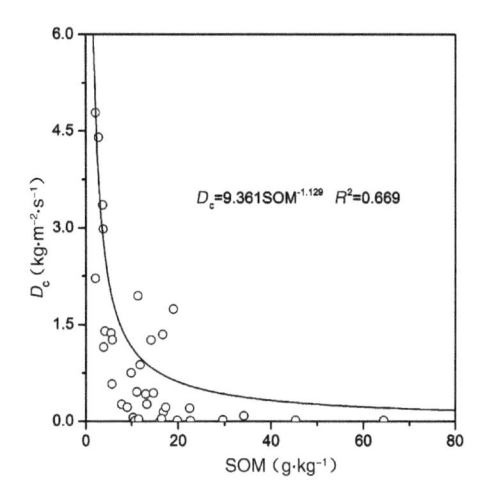

图 5-8 土壤有机质(SOM)与土壤分离能力的关系

5.3 土壤侵蚀阻力空间变异

5.3.1 土壤侵蚀阻力计算

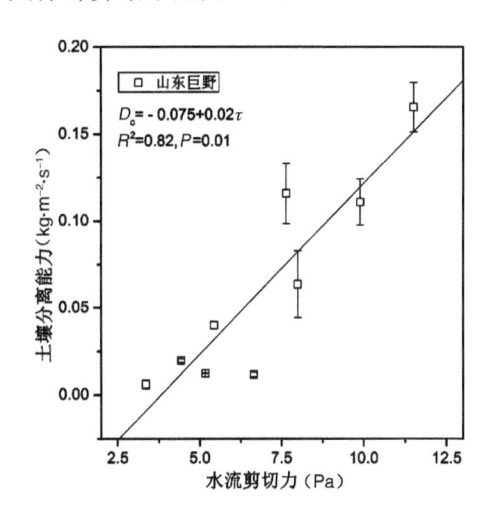

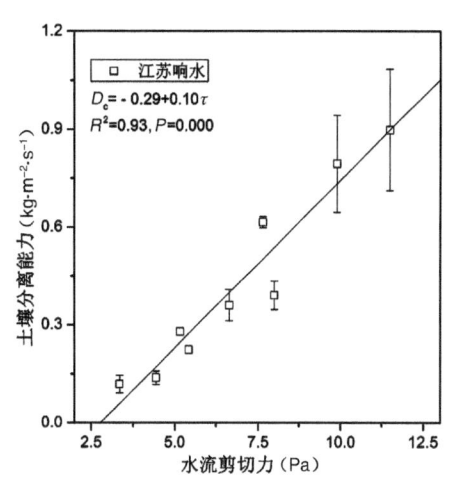

东部水蚀区土壤侵蚀阻力的计算与第三章小流域尺度和第四章黄土高原尺度的土壤侵蚀阻力的计算方法相同。东部水蚀区 36 个土壤类型的土壤侵蚀阻力的具体计算结果见图 5-9。

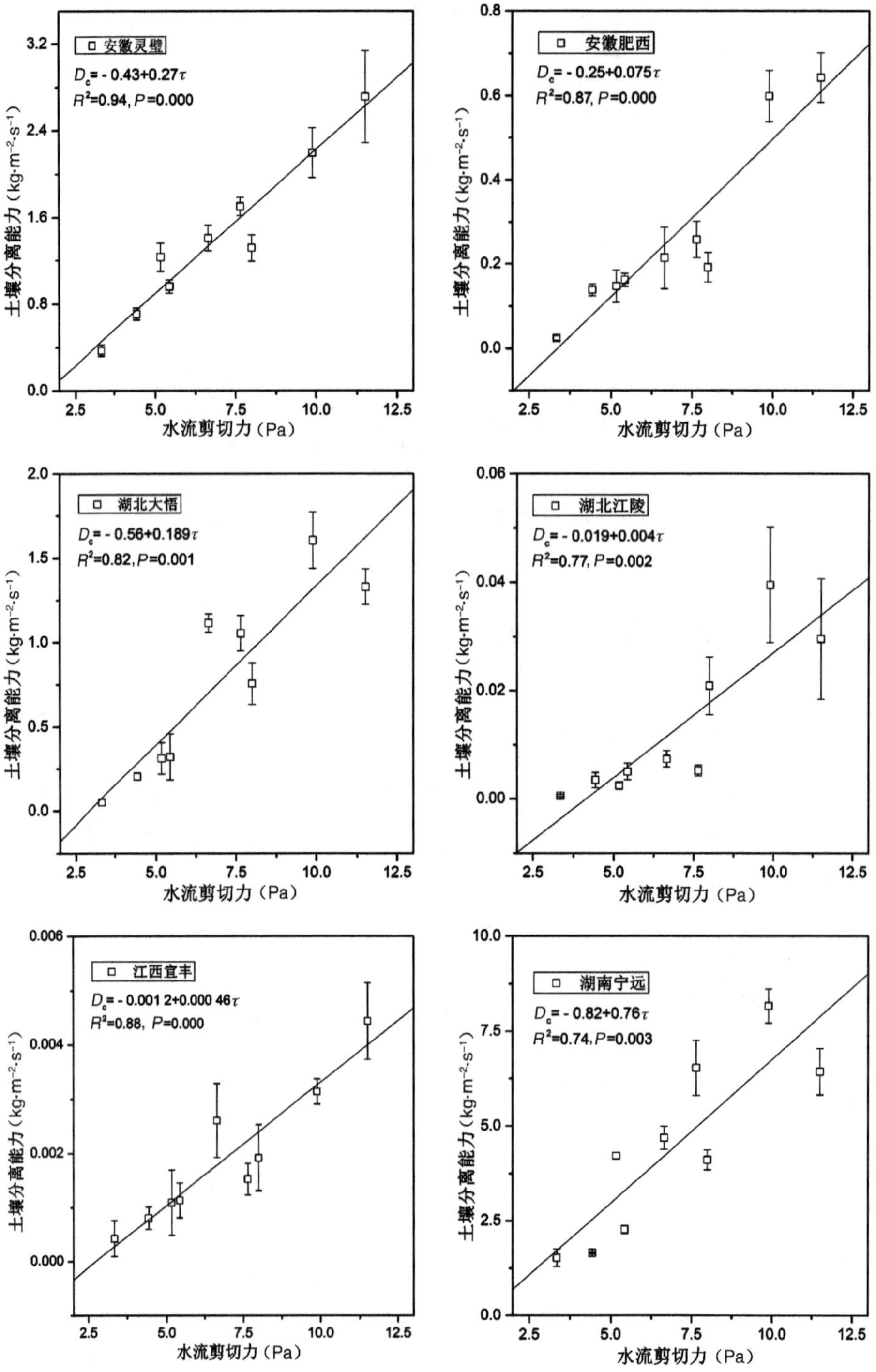
安徽灵璧
D_c= - 0.43+0.27τ
R^2=0.94, P=0.000
安徽肥西
D_c= - 0.25+0.075τ
R^2=0.87, P=0.000
湖北大悟
D_c= - 0.56+0.189τ
R^2=0.82, P=0.001
湖北江陵
D_c= - 0.019+0.004τ
R^2=0.77, P=0.002
江西宜丰
D_c= - 0.001 2+0.000 46τ
R^2=0.88, P=0.000
湖南宁远
D_c= - 0.82+0.76τ
R^2=0.74, P=0.003
土壤分离能力（kg·m⁻²·s⁻¹）
水流剪切力（Pa）

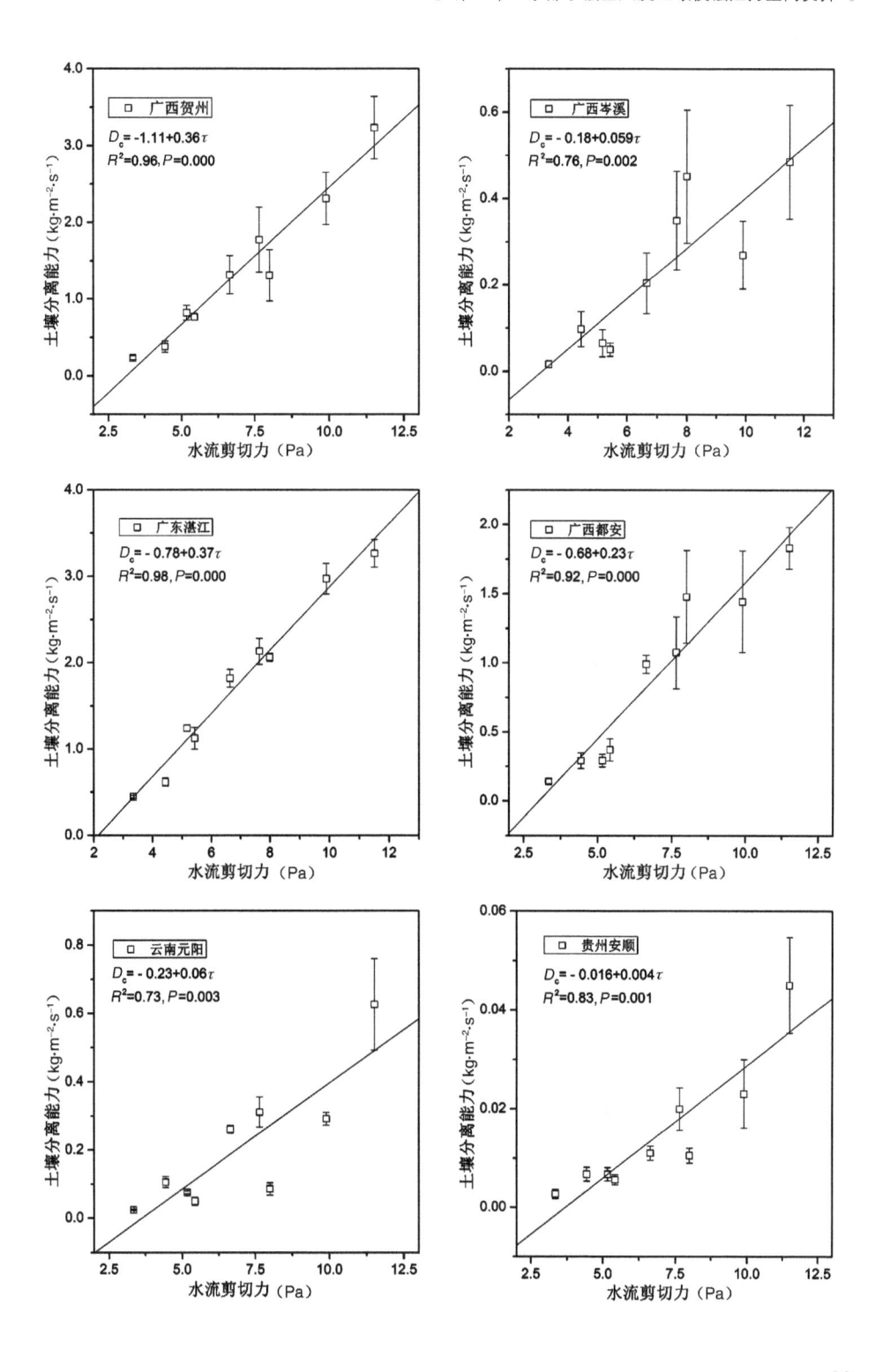

第 5 章 东部水蚀区尺度土壤侵蚀阻力空间变异

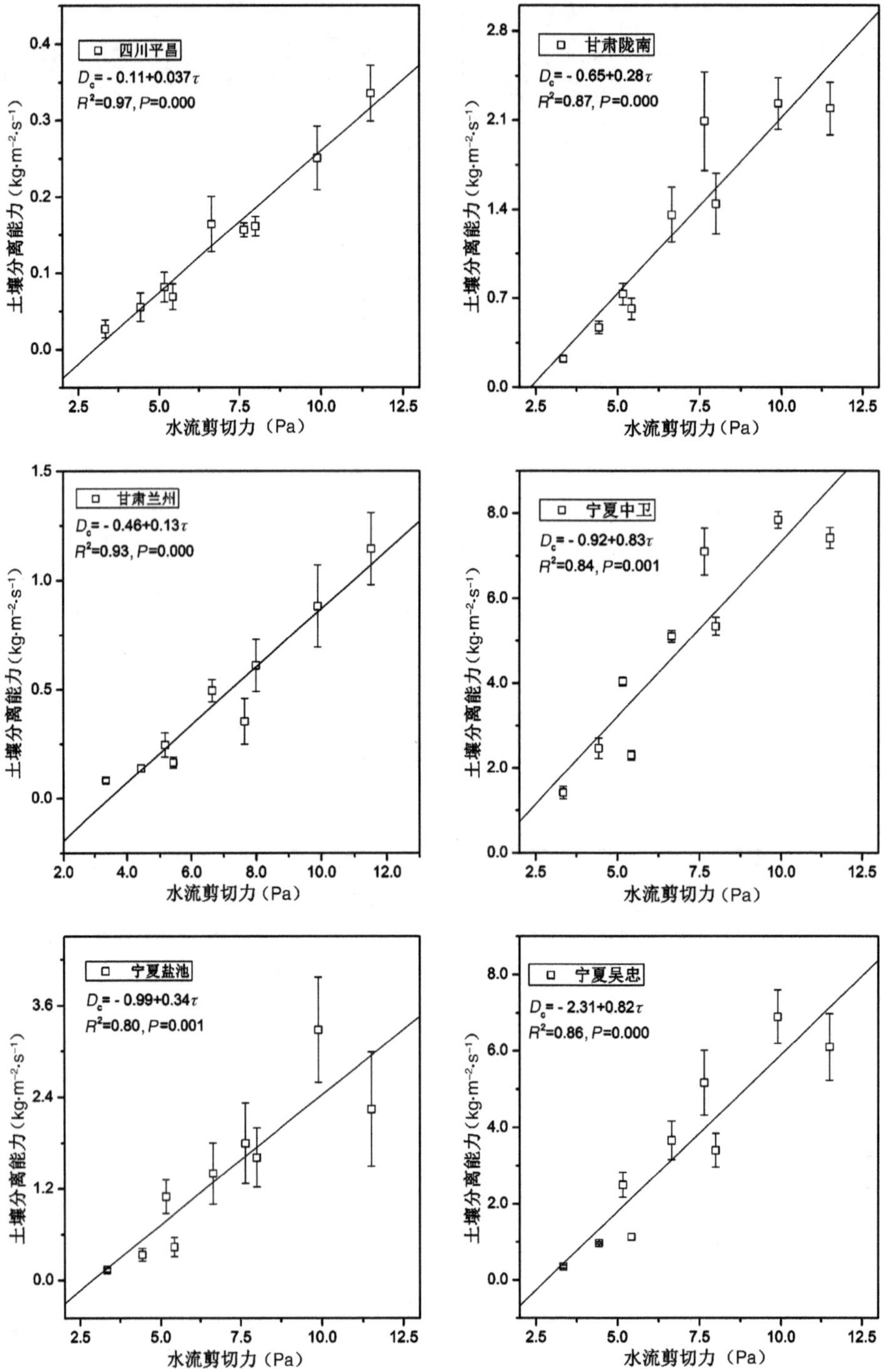
四川平昌
Dc= - 0.11+0.037τ
R²=0.97, P=0.000
甘肃陇南
Dc= - 0.65+0.28τ
R²=0.87, P=0.000
甘肃兰州
Dc= - 0.46+0.13τ
R²=0.93, P=0.000
宁夏中卫
Dc= - 0.92+0.83τ
R²=0.84, P=0.001
宁夏盐池
Dc= - 0.99+0.34τ
R²=0.80, P=0.001
宁夏吴忠
Dc= - 2.31+0.82τ
R²=0.86, P=0.000
土壤分离能力（kg·m⁻²·s⁻¹）
水流剪切力（Pa）

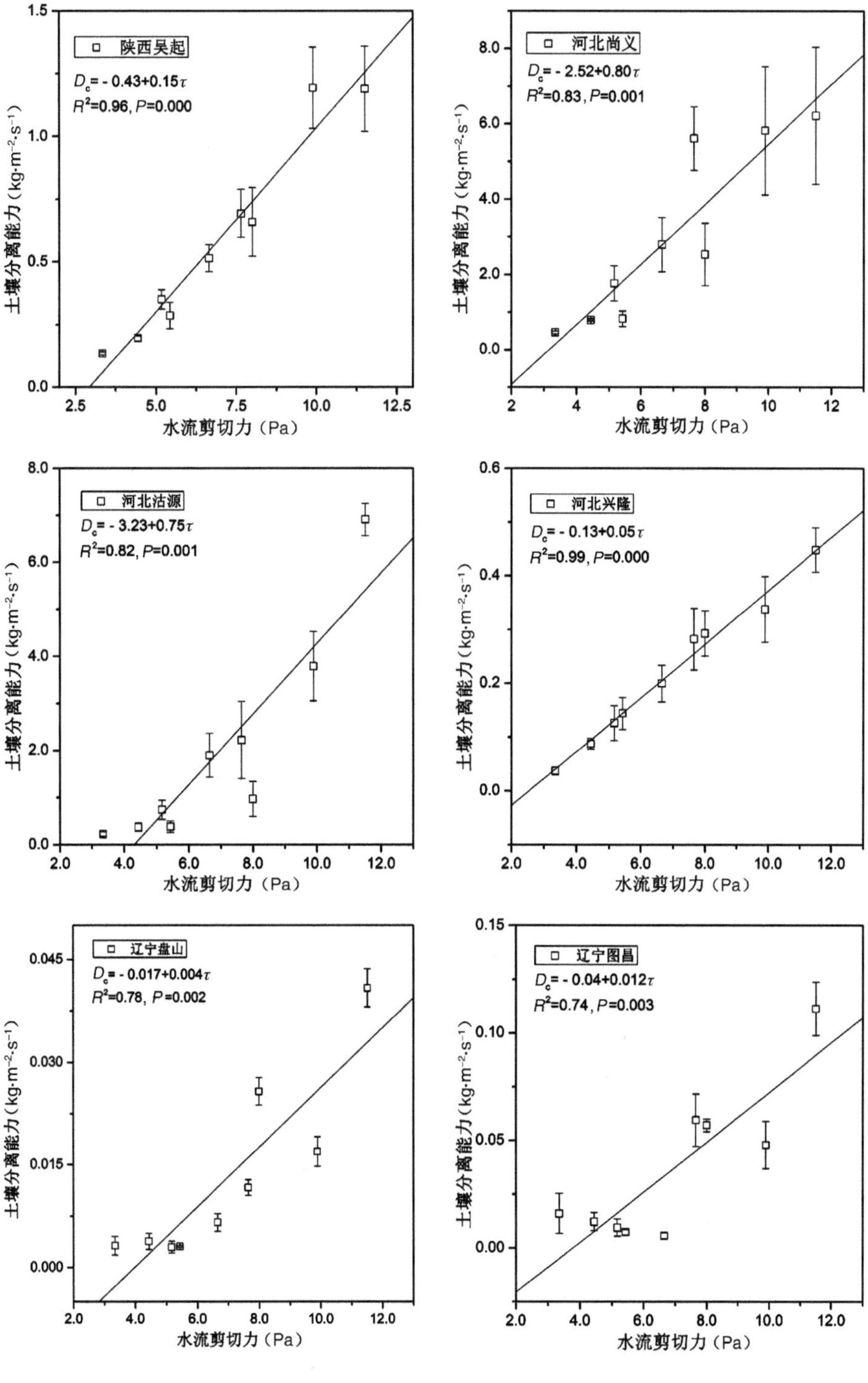
陕西吴起
D_c= - 0.43+0.15τ
R^2=0.96, P=0.000
河北尚义
D_c= - 2.52+0.80τ
R^2=0.83, P=0.001
河北沽源
D_c= - 3.23+0.75τ
R^2=0.82, P=0.001
河北兴隆
D_c= - 0.13+0.05τ
R^2=0.99, P=0.000
辽宁盘山
D_c= - 0.017+0.004τ
R^2=0.78, P=0.002
辽宁图昌
D_c= - 0.04+0.012τ
R^2=0.74, P=0.003
土壤分离能力（kg·m⁻²·s⁻¹）
水流剪切力（Pa）

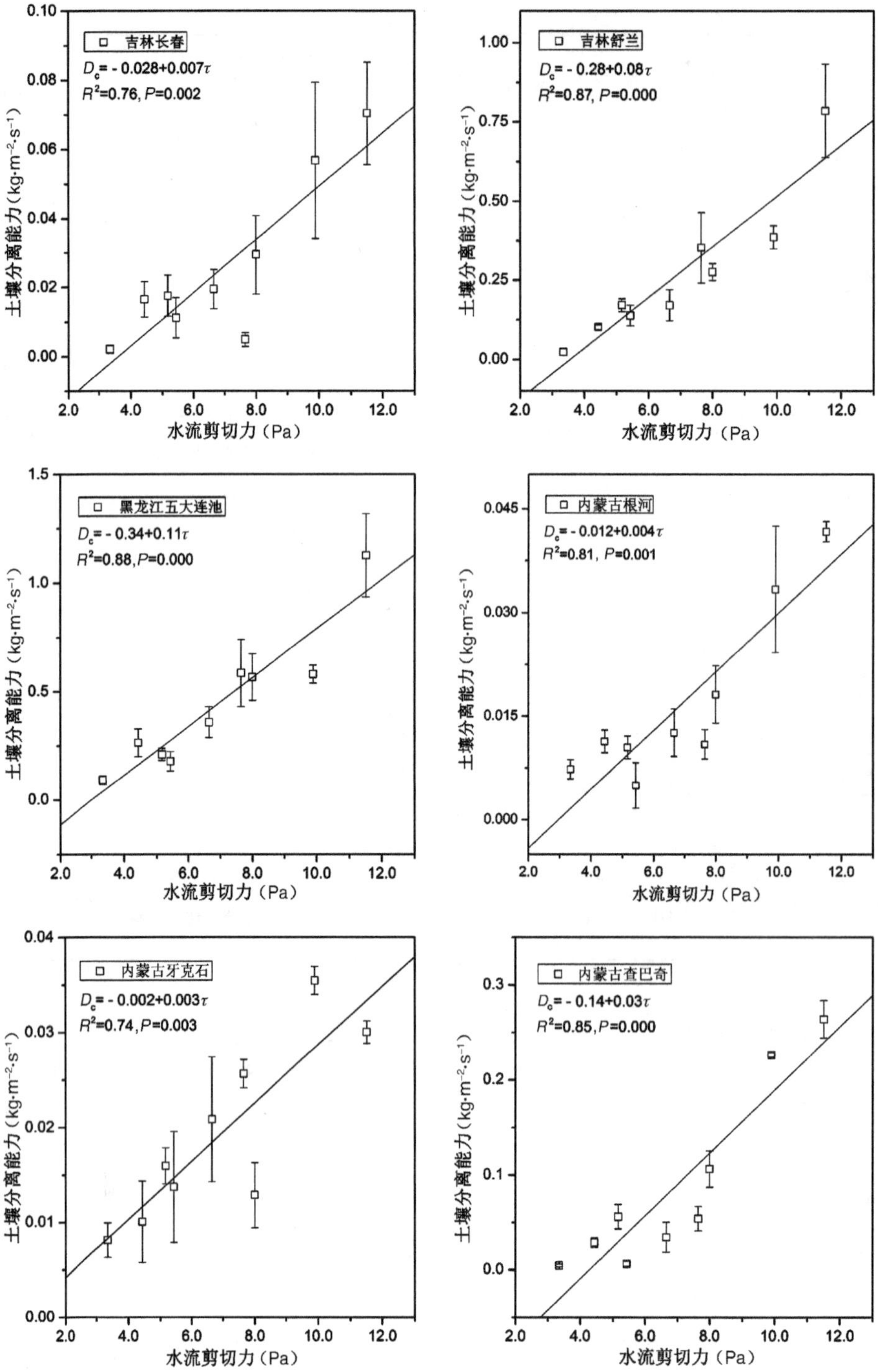
吉林长春
D_c= - 0.028+0.007τ
R^2=0.76, P=0.002
吉林舒兰
D_c= - 0.28+0.08τ
R^2=0.87, P=0.000
黑龙江五大连池
D_c= - 0.34+0.11τ
R^2=0.88, P=0.000
内蒙古根河
D_c= - 0.012+0.004τ
R^2=0.81, P=0.001
内蒙古牙克石
D_c= - 0.002+0.003τ
R^2=0.74, P=0.003
内蒙古查巴奇
D_c= - 0.14+0.03τ
R^2=0.85, P=0.000
土壤分离能力（kg·m^{-2}·s^{-1}）
水流剪切力（Pa）

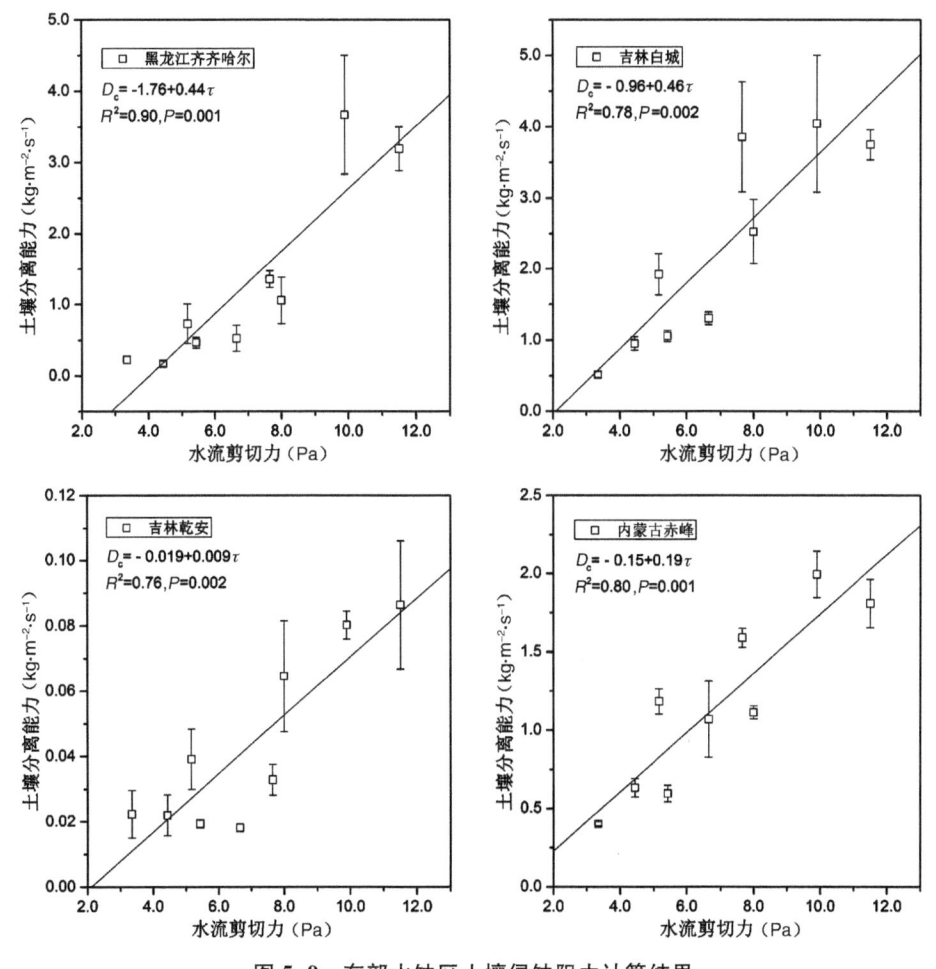

图 5-9 东部水蚀区土壤侵蚀阻力计算结果

5.3.2 空间变异

36 种土壤类型的细沟可蚀性变化范围是 0.000 456～0.826 s·m^{-1}，均值为 0.223 s·m^{-1}。36 种土壤类型细沟可蚀性均值与 Zhang 等(2002)的研究结果相似。然而却比 WEPP 模型的基础数据大一个数量级(Laflen et al., 1991)。这种差异可能由以下三个方面的原因造成：①两者的实验条件不同。本章研究测定的土壤是扰动土，代表的是新耕坡耕地的土壤状况。然而，Laflen 等(1991)使用的是非扰动土。Zhang(2003)认为由于扰动土在土样制作的过程中土壤团聚性遭到破坏，扰动土易被坡面径流所分离。②两者的实验方法不同。本章研究中，土壤分离能力是在不同水流剪切力下直接冲刷得到，而在 Laflen 等(1991)的实验中，使用的是 9 m 长的人造细沟，土壤分离能力是经过优化计算得到的(Elliot, 1990)。在他们的实验中,由于不清楚在 9 m 长的细沟中,土壤侵蚀过程是受分离能力限制还是受搬运能力限制,因此其土壤分离能力的计算可能存在误差。这也是在过去的 20 年中,世界各地(如美国、欧洲和中国)土壤分离能力均使用小土样进行测定的根本原因。③与 Laflen 等(1991)的实验相比,本章研究中的水流剪切力更容易被测定。宜丰(红壤)采样点的细沟可蚀性最小,中卫(沙漠风沙土)采样点的细沟可蚀性最大。细沟可蚀性最大值与最小值之比为 1 811,这表明东部水蚀区的细沟可蚀性存在巨大的空间异质性。总体来说,细沟可蚀性较高的采样点分布在西北黄土高原区,细沟可蚀性较小的采样点分布在南方山地丘陵区和东北低山丘陵和漫岗丘陵区(图 5-10)。所有土壤类型细沟可蚀性的变异系数为 1.20,根据 Nielsen 和 Bouma(1985)的分类体系,东部水蚀区的细沟可蚀性呈强变异性。

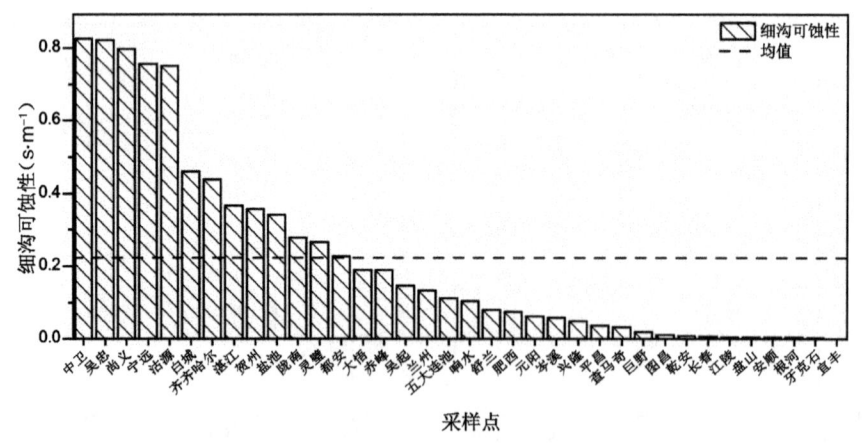

图 5-10 各土壤类型采样点的细沟可蚀性

如图 5-11(a)所示,6 个二级土壤侵蚀类型区的平均细沟可蚀性按以下顺序减小:西北黄土高原区(0.511 s·m^{-1})、南方山地丘陵区(0.226 s·m^{-1})、北方山地丘陵区(0.174 s·m^{-1})、四川盆地及周围山地丘陵区(0.157 s·m^{-1})、东北低山丘陵与漫岗丘陵区(0.127 s·m^{-1})和云贵高原区(0.033 s·m^{-1})。西北黄土高原区的平均细沟可蚀性是云贵高原区细沟可蚀性的 15.5 倍。南方山地丘陵区的细沟可蚀性几乎是西北黄土高原区细沟可蚀性的一半,表明南方山地丘陵区的土壤也容易受到径流侵蚀。这一结果与 Guo 等(2015)的研究结果一致,他们分析了整个中国东部地区的径流小区资料数据,发现黄土和红土与黑土、紫色土相比,土壤侵蚀问题更严重。这一研究结论也与水利部等部门(2010)的研究结论一致,后者根据大江大河长期的泥沙监测结果,发现西北黄土高原区和南方山地丘陵区是中国土壤侵蚀问题最为严重的地区。单因素方差分析结果表明西北黄土高原区的细沟可蚀性与其他二级土壤类型区之间存在显著差异[图 5-11(a)]。西北黄土高原较大的细沟可蚀性可能是由于该区较低的土壤有机质含量和较高的砂粒含量(Guo et al.，2015)。而其他 5 个土壤侵蚀类型区往往不能同时具备较高的有机质含量和较细的质地两个条件，因此其细沟可蚀性较小(Geng et al.，2017)。

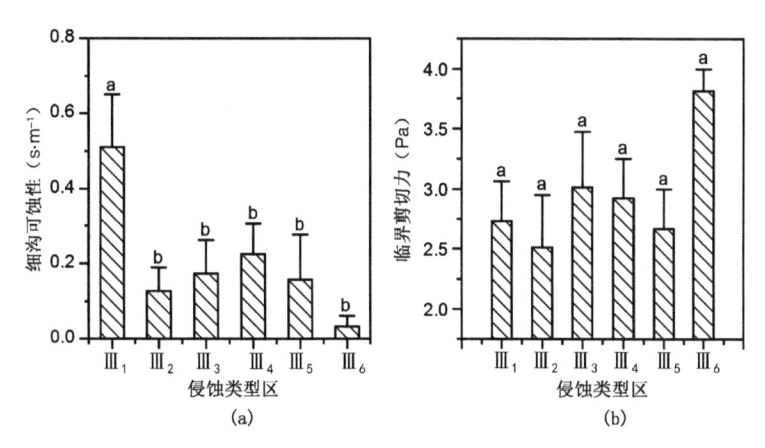

图 5-11 6 个二级土壤侵蚀类型区的细沟可蚀性和临界剪切力

6 种土壤质地中，壤土的细沟可蚀性最大($0.821\ s\cdot m^{-1}$)，之后依次是砂壤土($0.679\ s\cdot m^{-1}$)、壤砂土($0.618\ s\cdot m^{-1}$)、粉黏土($0.434\ s\cdot m^{-1}$)、粉黏壤土($0.113\ s\cdot m^{-1}$)和粉壤土($0.108\ s\cdot m^{-1}$)[图 5-12(a)]。这一结果与 Su 等(2014)的研究结果有所差异，他们研究了北京地区 11 种土壤的细沟可蚀性，发现从壤砂土、砂壤土、壤土到粉壤土，细沟可蚀性逐渐减小。造成这种差异的原因可能是他们在实验中使用了原状土，而本章研究中使用了扰动土。然而两者的研究结果都显示粉壤土的细沟可蚀性最低。这一结果也与 WEPP 模型数据集有所不同，在 WEPP 模型中壤砂土的细沟可蚀性最大，砂黏壤土的细沟可蚀性最小(Laflen et al.，1991)，造成这种差异的原因在上文中已经作出了详尽的讨论，此处不再赘述。本章研究结论与 WEPP 数据集的相似之处是砂粒和黏粒含量适中的土壤最容易受到侵蚀，具有较高的细沟可蚀性。此外，Knapen 等(2007a)和 Poesen(1992)也得出相类似的结论。虽然以上研究在实验条件和实验方法上存在明显差异，但"黏粒含量和砂粒含量适中的土壤最易受到侵蚀"这一结论都是相同的。

临界剪切力的变化范围为 $0.43\sim4.75\ Pa$，均值为 $2.84\ Pa$。淹育水稻土的临界剪切力最大，暗棕壤的临界剪切力最小。36 种土壤类型的临界剪切力无明显的变化趋势(图 5-13)。36 种土壤类型的平均临界剪切力与 Zhang 等(2002)和 WEPP 模型数据集的临界剪切力大致相同。36 种土壤类型临界剪切力的变异系数为 0.38，为中度变异性(Nielsen and Bouma，1985)。西北黄土高原区、东北低山丘陵与漫岗丘陵区、北方山地丘陵区、南方山地丘陵区、四川盆地及周围山地丘陵和云贵高原区的平均临界剪切力分别为 2.73 Pa、2.51 Pa、3.01 Pa、2.92 Pa、2.67 Pa 和 3.81 Pa。单因素方差分析表明 6 个二级土壤类型区的临界剪切力之间无显著差异[图 5-12(b)]。如图 5-12(b)所示，6 种土壤质地类型临界剪切力之间无显著差异。6 种土壤质地平均临界剪切力最大的是壤砂土（3.59 Pa），之后依次是粉壤土（3.08 Pa）、壤土（2.81 Pa）、砂壤土（2.50 Pa）、粉黏壤土（2.18 Pa）和粉黏土（2.04 Pa）。

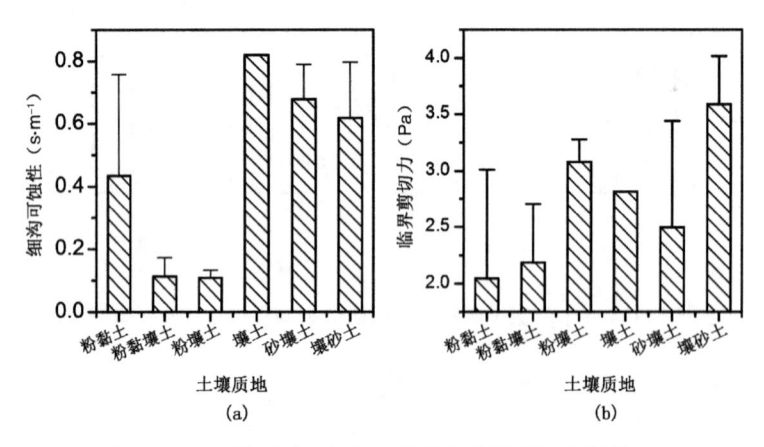

图 5-12 土壤质地与细沟可蚀性与临界剪切力的关系

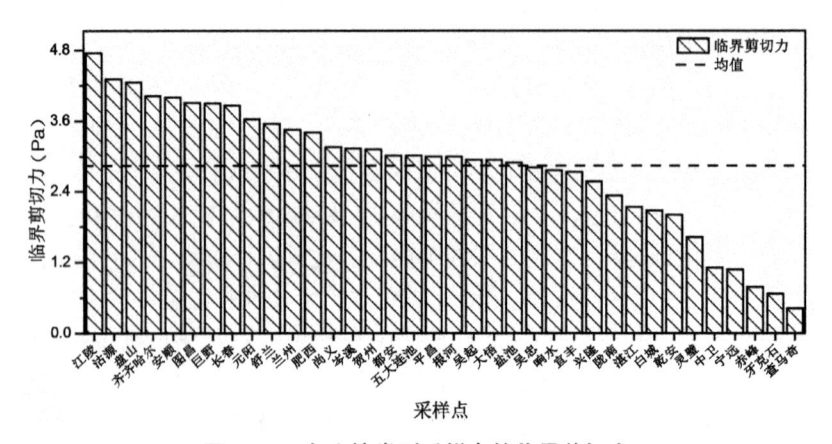

图 5-13 各土壤类型采样点的临界剪切力

5.3.3 影响因素

皮尔逊相关分析表明细沟可蚀性与粉粒含量和土壤粒径参数具有显著负相关关系，与砂粒含量、中值粒径和平均几何粒径具有显著正相关关系（表5-5）。一般认为黏粒含量高的土壤容易被分离，因而有着较高的细沟可蚀性（Meyer and Harmon，1984；Sheridan et al.，2000a）。然而，本章研究中，细沟可蚀性和黏粒含量之间无显著的相关关系，这一结果与Li等（2015b）和Mamedov等（2006）的研究结果一致。这些研究结果表明细沟可蚀性与黏粒含量之间无显著的相关关系。其原因体现在以下两个方面：①侵蚀过程中黏粒与土壤团聚体之间的复杂相互作用，削弱了黏粒对土壤侵蚀的作用（Mamedov et al.，2006）；②土样准备和土样冲刷之间的时间间隔较短，导致黏粒之间的相互作用受到限制，因而影响团聚体的形成（Shainberg et al.，1996）。小于20 μm 的土壤颗粒，颗粒之间黏结力较强，土壤细沟可蚀性较小。而大于20 μm 的土壤颗粒，容易被分离，因而细沟可蚀性较大（Knapen et al.，2007a）。本章研究中细沟可蚀性随着粉粒和砂粒含量的增加而分别呈线性减少和线性增大趋势（图5-14）。本章研究中细沟可蚀性与粉粒含量呈负相关关系，这与Knapen等（2007a）基于径流小区监测资料所得的结论不同，然而却与Sheridan（2000a）和Geng等（2015）的研究结果一致。细沟可蚀性随中值粒径的增加而增加，这一研究结果与Geng等（2015）的结论相同，他们的研究结果表明中值粒径越高的土壤越容易被分离。在美国通用土壤流失方程（ULSE）中，平均几何粒径（D_g）和土壤粒径参数（M）被广泛用于计算土壤可蚀性，因此本章研究也分析了平均几何粒径和土壤粒径参数与细沟可蚀性的关系。结果表明：细沟可蚀性随着土壤粒径参数的增加呈幂函数减小的趋势[图5-14（c）]，随平均几何粒径的增加呈对数函数增加的趋势[图5-14（d）]。一般认为粉粒和细沙含量高的土壤容易被侵蚀，然而本章研究中土壤粒径参数与细沟可蚀性却呈负相关关系，这是由于本章研究中粉粒含量与细沟可蚀性之间呈显著的负相关关系（表5-5）。

细沟可蚀性与阳离子交换量（CEC）和土壤有机质（SOM）之间呈显著的负相关关系，与交换性钠含量（ESP）之间呈显著的正相关关系（表5-5）。由于一些阳离子（如 Ca^{2+}、Al^{3+}、Fe^{3+} 和 Si^{4+}）具有促进团聚体形成的作用（Bronick and Lal，2005），因此本章研究中细沟可蚀性随着阳离子交换量的增加呈减小趋势[图5-15（a）]。交换性钠百分比与细沟可蚀性呈显著的正相关关系（表5-5），这与Singer等（1982）的研究结论一致，他们发现随着交换性钠百分比的增大，土壤侵蚀量呈增加趋势，并把这一现象归因于钠离子的分散作用。土壤有机质起到黏结土壤颗粒的作用，增加了土壤抵抗侵蚀的能力（Wang et al.，2013）。如图5-15（b）所示，细沟可蚀性与有机质之间呈幂函数关系，细沟可蚀性在有机质 0~20 $g \cdot kg^{-1}$

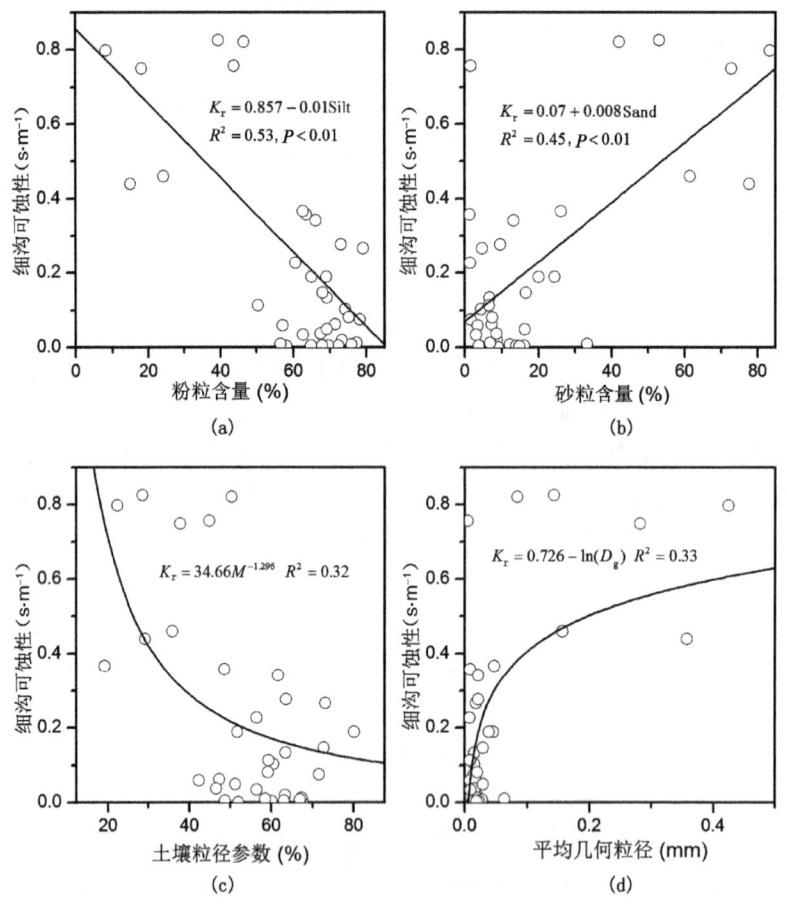

图 5-14 细沟可蚀性与粉粒含量、砂粒含量、土壤粒径参数和平均几何粒径的关系

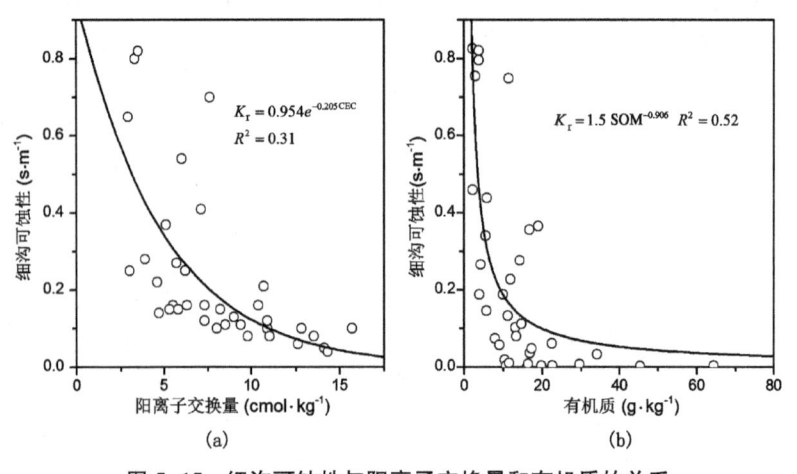

图 5-15 细沟可蚀性与阳离子交换量和有机质的关系

范围内迅速减小,之后则缓慢减小。细沟可蚀性与电导率、pH、交换性的钾钠钙镁和游离氧化铁铝无显著的相关关系。这一结果与 Gilley 等(1993)和 Sheridan 等(2000a)的研究结果不符,在他们的研究中土壤侵蚀受这些土壤理化性质的影响。

本章研究中,临界剪切力与土壤理化性质无显著的相关关系(表5-5)。这一结果与 Ariathurai 和 Arulanandan(1978)及 Nearing 等(1988)的观点不一致,他们认为影响细沟可蚀性的因子,也同样影响临界剪切力。在本章研究中临界剪切力与细沟可蚀性的相关关系较弱。因此,通过以上分析,我们可以得出结论:影响细沟可蚀性的因子不一定影响临界剪切力,至少对于新耕坡耕地的土壤侵蚀阻力来说这一观点成立。因此,至少在实验水槽条件下,临界剪切力的理论意义是值得质疑的。其原因有以下两个方面:①临界剪切力是由土壤分离能力和水流剪切力线性回归而来的数值,没有实际的物理意义,不应该认为低于这一回归数值就没有土壤发生分离(Nearing and Parker,1994);②把临界剪切力定义为某一水流剪切力,低于这一水流剪切力就没有土壤颗粒分离发生,这一观点是主观的。因为土壤颗粒是逐渐遭到水流作用而分离的,而不是当水流剪切力大于某一值时土壤颗粒就突然开始分离(Lavelle and Mofjeld,1987;Zhu et al.,2001)。

5.4 本章小结

中国东部水蚀区绝大多数侵蚀泥沙来源于坡耕地,对坡耕地土壤侵蚀机理的研究对于治理东部水区的水土流失问题具有十分重要的意义。但用原状土研究东部水蚀区的土壤侵蚀阻力需要大量的人力和物力,这对于一个研究小组来说是不可能完成的,何况农地的土壤侵蚀阻力还存在明显的季节变异。此外,对于新耕坡耕地而言,表层土壤的团聚性遭到破坏,土壤侵蚀阻力主要受土壤理化性质影响。因此本章研究用扰动土(代表新耕坡耕地)研究了东部水蚀区土壤侵蚀阻力的空间变异,得出以下主要结论。

(1) 36个土壤类型的土壤分离能力和细沟可蚀性呈强空间变异性,西北黄土高原区的土壤分离能力和细沟可蚀性显著大于其他5个二级土壤侵蚀类型区。临界剪切力呈中度空间变异性。6个二级土壤侵蚀类型的临界剪切力无显著差异。

(2) 土壤分离能力和细沟可蚀性随着砂粒含量、中值粒径、平均几何粒径和交换性钠百分比的增大而增大,随着粉粒含量、土壤粒径参数、阳离子交换量和土壤有机质的增大而减小。临界剪切力与土壤理化性质之间无显著的相关关系。

第 6 章

土壤侵蚀阻力模拟

鉴于室内和室外测定土壤侵蚀阻力费时费力，许多研究者试图用一些容易测定的土壤理化参数(如土壤质地、黏结力、团聚体、土壤有机质、根系密度等)来模拟土壤侵蚀阻力(Geng et al.，2015；Gilley et al.，1993；Sheridan et al.，2000a；Sun et al.，2016)。本书使用扰动土(东部水蚀区尺度)和原状土(小流域尺度和黄土高原尺度)分别研究了土壤侵蚀阻力的空间变异。由于扰动土和原状土在土壤团聚性、根系等方面存在较大差异(Zhang et al.，2003)，因此本章将小流域尺度和黄土高原尺度土壤侵蚀阻力数据进行打包，分原状土和扰动土两个方面进行土壤侵蚀阻力模拟和讨论。

6.1 扰动土

非线性回归分析表明扰动土细沟可蚀性可以用粉粒含量(Silt,%)、砂粒含量(Sand,%)、平均几何粒径(D_g,mm)、阳离子交换量(CEC,cmol·kg^{-1})和有机质(SOM,g·kg^{-1})进行很好地模拟。具体的拟合方程式如下：

$$K_r = 0.003[19.966 - 3.963\text{Silt} + 7.287\text{Sand} - 125.976\ln(D_g)] \times e^{-0.078\text{CEC}}\text{SOM}^{-0.534} \quad R^2 = 0.70 \tag{6-1}$$

方程(6-1)的决定系数(R^2)为 0.70,模拟细沟可蚀性与实测细沟可蚀性拟合直线的斜率为 0.67,截距为 0.08(图 6-1)。从以上这些模拟参数来看,方程(6-1)的拟合结果是比较理想的(Mabit and Bernard,2010)。拟合方程高估了细沟可蚀性低值部分,低估了细沟可蚀性高值部分(图 6-1),这一结果与 Nearing(1998)的观点一致,他将这种现象解释为这些模拟方程是数学模拟的结果,并没有考虑到实测数据中的随机部分。

在 WEPP 模型中,农地的细沟可蚀性可以用实测土壤物理化学性质来模拟(Alberts et al.，1995)。因此,本章研究对比分析了由 WEPP 模型公式计算的细沟可蚀性与实测细沟可蚀性。结果表明 WEPP 模型明显低估了 36 种土壤类型实测的细沟可蚀性,实测细沟可蚀性的平均值是 WEPP 模型模拟细沟可蚀性平均值的 23.6 倍。这种差异主要由不同的实验条件和实验方法引起。

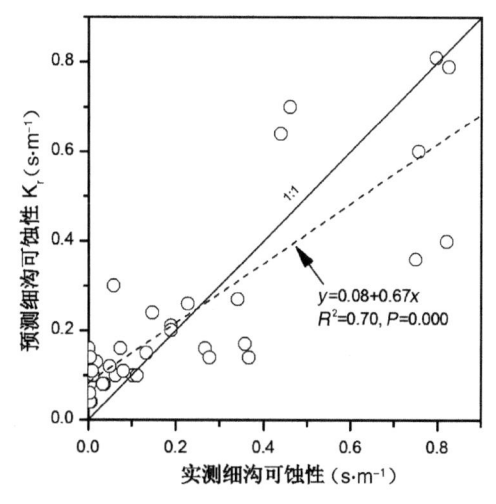

图 6-1　扰动土实测细沟可蚀性与预测细沟可蚀性比较

由于在前述研究中,临界剪切力与所有的土壤理化性质都不相关(表 5-5),因此在扰动土壤部分没有对临界剪切力进行模拟。

6.2　原状土

从表 6-1 中可以看出,原状土细沟可蚀性与容重、黏结力、团聚体和根系质量密度存在显著的相关关系,说明细沟可蚀性与黏结力、团聚体和根系质量密度的相关性较好。众多研究表明黏结力和团聚体在一定程度上决定了土壤侵蚀过程(Bryan,2000),此外根系也在很大程度上决定着土壤侵蚀过程(Vannoppen et al.,2015)。如表 6-1 所示,细沟可蚀性与黏结力、团聚体和根系质量密度的良好相关关系与众多研究者(如 Sun 等(2016a)、Li 等(2015b)等)的研究结果一致。非线性回归分析表明原状土的细沟可蚀性可以用容重(BD,kg·m^{-3})、黏结力(Coh,kPa)、团聚体(WSA,0～1)和根系质量密度(RMD,kg·m^{-3})进行模拟,模拟方程见式(6-2)。

表 6-1　原状土土壤侵蚀阻力与土壤理化性质和根系质量密度的相关关系

变量	黏粒含量	粉粒含量	砂粒含量	中值粒径	容重	黏结力	团聚体	有机质	根系质量密度
细沟可蚀性	0.15	−0.12	0.03	0.12	−0.42**	−0.77**	−0.53**	−0.27	−0.68**
临界剪切力	−0.12	0.34*	−0.20	−0.30	−0.01	0.42**	0.21	0.01	−0.04

注:** 表示在 0.01 水平(双侧)上显著相关;
　　* 表示在 0.05 水平(双侧)上显著相关。

$$K_r = 0.449(-1.87\text{Coh} + 6.88)e^{-0.64\text{WSA}-153.3\text{BD}-0.90\text{RMD}} \quad R^2 = 0.78 \quad (6\text{-}2)$$

方程(6-2)的决定系数为 0.78,模拟细沟可蚀性与实测细沟可蚀性线性回归方程的决定系数为 0.78,截距为 0.03(图 6-2)。这些参数表明方程(6-2)的拟合结果较好(Mabit and Bernard, 2010)。与扰动土的模拟相同,从图 6-2 也可以看出模拟细沟可蚀性低估了实测细沟可蚀性的高值部分,高估了实测细沟可蚀性的低值部分。从表 6-1 中可以看出,原状土的临界剪切力与土壤理化性质和根系质量密度的相关性较弱,只有粉粒含量和黏结力与临界剪切力存在相关关系。临界剪切力与土壤理化性质和根系质量密度的弱相关关系,在之前的章节中已经讨论过,详见第 3 章、第 4 章和第 5 章中土壤侵蚀阻力空间变异的影响因素部分。

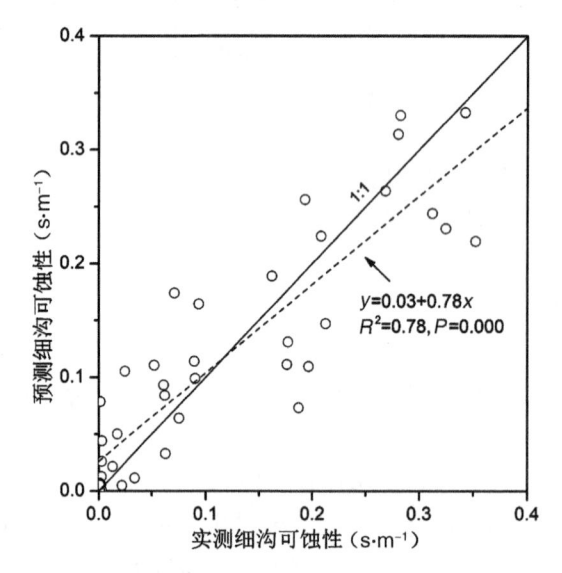

图 6-2 原状土实测细沟可蚀性与预测细沟可蚀性比较

非线性回归表明临界剪切力(τ_c, Pa)可由粉粒含量(Silt, %)和黏结力(Coh, kPa)进行拟合:

$$\tau_c = 0.22(0.3\text{Silt} + 18.61)\text{Coh}^{0.71} \quad R^2 = 0.20 \quad (6\text{-}3)$$

方程(6-3)的决定系数为 0.20,实测临界剪切力与模拟临界剪切力的回归直线的斜率为 0.18,截距为 3.88(图 6-3)。从这些参数来看,临界剪切力的拟合效果远不如细沟可蚀性的拟合效果,而且从图 6-3 中可以看出临界剪切力比细沟可蚀性更严重地高估了实测数据低值部分和低估了实测数据的高值部分。

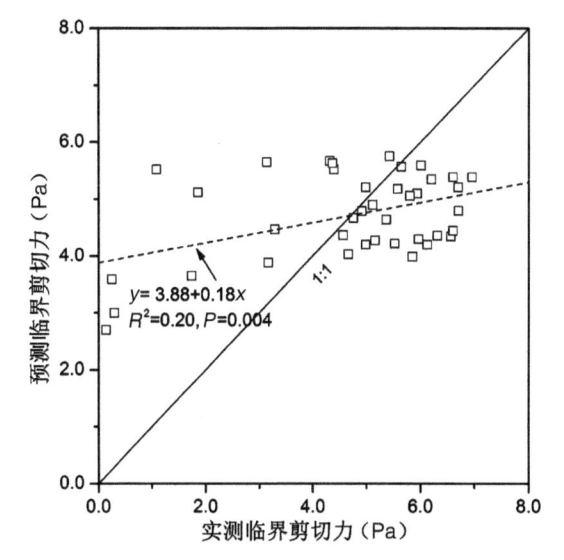

图 6-3　原状土实测临界剪切力与预测临界剪切力的比较

6.3　本章小结

本章将土壤侵蚀阻力数据分成扰动土数据和原状土数据,对原状土和扰动土的土壤侵蚀阻力分别进行了模拟,得出以下主要结论。

(1) 扰动土(东部水蚀区)的细沟可蚀性可用粉粒含量、砂粒含量、平均几何粒径、阳离子交换量和土壤有机质进行模拟。由于临界剪切力与土壤理化性质无显著的相关关系,所以扰动土的临界剪切力无法用土壤理化性质进行模拟。

(2) 原状土(小流域尺度和黄土高原尺度数据打包)的细沟可蚀性可以用容重、黏结力、团聚体和根系质量密度进行模拟。临界剪切力虽然可以用粉粒含量和黏结力进行拟合,但是拟合效果较差。

第 7 章

主要结论和展望

7.1 主要结论

本书以纸坊沟小流域、黄土高原和东部水蚀区为研究对象,用实验变坡水槽系统研究了这三个尺度的土壤侵蚀阻力空间变异及影响因素,主要得出以下结论。

(1) 在小流域尺度上,地貌单元对土壤分离能力和细沟可蚀性产生显著影响。土壤分离能力和细沟可蚀性从坡上到坡下,按照坡面顶部、坡面上部、坡面中部、坡面下部、切沟底部和沟谷底部的顺序呈下降趋势。地貌单元对临界剪切力的影响不显著,临界剪切力从坡上到坡下的变化趋势杂乱无章。地貌单元对土壤质地、黏结力、团聚体和根系质量密度产生显著影响。砂粒含量和中值粒径从坡上到坡下呈减小趋势,黏粒含量、黏结力、根系质量密度和团聚体从坡上到坡下呈增加趋势。土壤侵蚀和土壤水分在不同地貌部位的差异引起了土壤质地、黏结力、团聚体和根系质量密度在不同坡位的规律性变化趋势,从而造成土壤分离能力和细沟可蚀性在不同地貌单元上的差异。

(2) 在黄土高原尺度上,土地利用方式对土壤分离能力和土壤侵蚀阻力空间变异产生显著影响。农地、草地和林地的土壤分离能力和细沟可蚀性在样线上的空间变异较为相似。农地土壤分离能力和细沟可蚀性沿样线的变化趋势显得杂乱无章。草地的土壤分离能力和细沟可蚀性除了宜君采样点和鄂尔多斯采样点外,从南到北呈增加趋势。林地的土壤分离能力和细沟可蚀性沿样线呈倒"U"形变化趋势,其中延安采样点的土壤分离能力和细沟可蚀性最大。农地、草地和林地的临界剪切力沿样线无一定的变化趋势。区域变量(如纬度、海拔、降水、气温和植被类型区)对土壤分离能力和土壤侵蚀阻力的影响不显著。土壤分离能力和细沟可蚀性在样线上的空间变异受土壤质地、容重、黏结力、团聚体、有机质和根系质量密度控制。临界剪切力的空间变异受粉粒含量、黏结力和团聚体的影响。

(3) 在东部水蚀区尺度上,新耕坡耕地的土壤分离能力和细沟可蚀性呈强度空间变异性。西北黄土高原区的土壤分离能力和细沟可蚀性显著高于其他5个土壤侵蚀类型区。砂粒含量适中和黏粒含量适中的土壤,其土壤分离能力和细沟可蚀性最大。临界剪切力呈中度空间变异性,临界剪切力与土壤类型、土壤侵蚀类型区和土壤质地无一定的相关关系。土壤分离能力和细沟可蚀性与粉粒含量、砂粒含量、中值粒径、平均几何粒径、土壤粒径参数、阳离子交换量、交换性钠百分比和土壤有机质之间存在显著的相关关系。新耕坡耕地的临界剪切力与土壤理化性质无显著的相关关系。在大尺度上,细沟可蚀性比临界剪切力更能反映土壤抵抗侵蚀的能力。

(4) 扰动土的细沟可蚀性可以用粉粒含量、砂粒含量、平均几何粒径、阳离子交换量和土壤有机质进行较好的模拟。扰动土的临界剪切力无法用土壤理化性质进行模拟。原状土的细沟可蚀性可用容重、黏结力、团聚体和根系质量密度进行模拟。粉粒含量和黏结力虽然可用于扰动土临界剪切力的模拟,但模拟效果较差。

(5) 在不同尺度上,影响土壤分离能力和细沟可蚀性空间变异的主要因素存在差异性,而临界剪切力的尺度效应不明显。在小流域尺度上,土壤侵蚀和土壤水分控制着土壤理化性质和根系质量密度在不同地貌单元的差异,进而导致土壤分离能力和细沟可蚀性在不同地貌单元的显著差异。在黄土高原尺度上,土壤理化性质和根系质量密度影响着土壤分离能力和细沟可蚀性的空间变异,而区域化变量(如纬度、降水等)对土壤分离能力和细沟可蚀性的空间变异影响不显著。在东部水蚀区尺度上,土壤侵蚀类型区、土壤质地和土壤理化性质控制着土壤分离能力和细沟可蚀性的空间变异。

7.2 研究展望

尽管本书在小流域尺度、黄土高原尺度和东部水蚀区尺度上的土壤侵蚀阻力空间变异及其影响因素的研究中取得了一定的进展,但是由于土壤侵蚀阻力影响因素众多、实验方法的不确定性以及实验过程中不可避免的实验误差,在实验和数据分析过程中发现了以下几个方面的问题,希望供以后的研究者借鉴、改进和完善。

(1) 从小流域尺度、黄土高原尺度和东部水蚀区尺度的土壤临界剪切力数据来看,临界剪切力空间变异的规律性较差,且临界剪切力与土壤理化性质的相关关系较弱。根据这些结果,我们有理由质疑用线性回归方法计算临界剪切力的正确性。因此,有必要开展相关研究,探讨如何准确测定临界剪切力及影响临界剪切力的因素。

(2) 黏粒含量和粉粒含量与细沟可蚀性的关系有待进一步探讨。关于黏粒含量与细沟可蚀性的关系,虽然普遍认为黏粒含量越高,细沟可蚀性越小。然而在本书研究中,黄土高原尺度上和东部水蚀区尺度上的黏粒含量与细沟可蚀性无显著的相关关系。此外也有不少研究结果表明黏粒含量与细沟可蚀性无相关关系,对于粉粒含量与细沟可蚀性关系的争议也比较大。因此,有必要进一步研究黏粒含量和粉粒含量与细沟可蚀性的关系。

(3) 本书中三个尺度的空间变异,仅仅是从某一特定的方面来研究土壤侵蚀阻力的空间变异,如在研究黄土高原尺度上的土壤侵蚀阻力的空间变异时,研究的是三种土地利用方式沿样线(西南—东北)上的空间变异。然而,土壤侵蚀阻力的空间变异受诸多因素的影响,变异是多个方向的,而不应局限于沿样线(西南—东北)的空间变异。因此对于土壤侵蚀阻力空间变异的全面认识有待进一步加深。

(4) 本书对于东部水蚀区,采用扰动土来研究新耕坡耕地细沟可蚀性的空间变异,虽然过筛扰动土和新耕坡耕地的土壤性状存在一定的相似性,但是过筛扰动土究竟能否完全代表新耕坡耕地的土壤状况,尚不得而知;因此有必要用原状土研究东部水蚀区土壤侵蚀阻力的空间变异,并进行原状土与扰动土的比较。比如在本书扰动土采样点的基础上,系统研究 36 种土壤类型农地原状土土壤侵蚀阻力的空间和季节变化,以期进一步加深对土壤侵蚀机理的认识。

主要参考文献

鲍士旦,2000.土壤农化分析[M].北京:中国农业出版社.
蔡强国,陆兆熊,王贵平,1996.黄土丘陵沟壑区典型小流域侵蚀产沙过程模型[J].地理学报,(2):108-117.
蔡强国,朱远达,王石英,2004.几种土壤的细沟侵蚀过程及其影响因素[J].水科学进展,15(1):12-18.
蔡强国,1998.坡面细沟发生临界条件研究[J].泥沙研究,(1):52-59.
蔡运龙,2000.自然地理学的创新视角[J].北京大学学报(自然科学版),36(4):576-582.
陈椿庭,1995.关于明渠水流的六区流态[J].人民长江,26(3):43-46.
陈睿山,蔡运龙,2010.土地变化科学中的尺度问题与解决途径[J].地理研究,29(7):1244-1256.
陈永宗,景可,蔡强国,1988.黄土高原现代侵蚀与治理[M].北京:科学出版社.
符素华,刘宝元,2002.土壤侵蚀量预报模型研究进展[J].地球科学进展,17(1):78-84.
符素华,张卫国,刘宝元,等,2001.北京山区小流域土壤侵蚀模型[J].水土保持研究,8(4):114-120.
傅伯杰,陈利顶,马克明,1999.黄土丘陵区小流域土地利用变化对生态环境的影响——以延安市羊圈沟流域为例[J].地理学报,54(3):241-246.
甘枝茂,1980.黄土地貌的垂直变化与水土保持措施的布设[J].人民黄河,3:57-59,82.
耿韧,张光辉,郁耀闯,等,2014a.陕北典型农地表层土壤物理性质季节变化[J].水土保持研究,21(4):1-6.
耿韧,张光辉,李振炜,等,2014b.黄土丘陵区浅沟表层土壤容重的空间变异特征[J].水土保持学报,28(4):257-262.
耿韧,张光辉,李振炜,等,2014c.基于分层抽样法的小流域土壤物理性质和有机质差异特征[J].水土保持学报,28(6):194-199,205.
郭索彦,2010.水土保持监测理论与方法[M].北京:中国水利水电出版社.

何群,陈家坊,1983.土壤中游离铁和络合态铁的测定[J].土壤,15(6):242-244.
何小武,张光辉,刘宝元,2003.坡面薄层水流的土壤分离实验研究[J].农业工程学报,19(6):52-55.
胡伟,邵明安,王全九,2005.黄土高原退耕坡地土壤水分空间变异的尺度性研究[J].农业工程学报,21(8):11-16.
黄秉维,1955.编制黄河中游流域土壤侵蚀分区图的经验教训[J].科学通报,12:15-21.
江忠善,王志强,1996.黄土丘陵区小流域土壤侵蚀空间变化定量研究[J].土壤侵蚀与水土保持学报,2(1):1-9.
蒋昌波,隆院男,胡世雄,等,2012.坡面流阻力研究进展[J].水利学报,43(2):189-197.
雷阿林,唐克丽,王文龙,2000.土壤侵蚀链概念的科学意义及其特征[J].水土保持学报,14(3):79-83.
雷廷武,王全九,1999.土壤侵蚀预报模型及其在中国发展的考虑[J].水土保持研究,6(2):162-166.
李锐,2011.中国主要水蚀区土壤侵蚀过程与调控研究[J].水土保持通报,31(5):1-6.
李双成,蔡运龙,2005.地理尺度转换若干问题的初步探讨[J].地理研究,24(1):11-18.
李勇,张建辉,杨俊诚,等,2000.陕北黄土高原陡坡耕地土壤侵蚀变异的空间格局[J].水土保持学报,14(4):17-21.
李振炜,2015.黄土丘陵区小流域土壤分离能力空间变异[D].北京:中国科学院大学.
刘宝元,谢云,张科利,2001.土壤侵蚀预报模型[M].北京:中国科学技术出版社.
刘宝元,毕小刚,符素华,2010.北京土壤流失方程[M].北京:科学出版社.
刘广全,王鸿喆,2012.西北农牧交错带常见植物图谱[M].北京:科学出版社.
刘庆,孙景宽,陈印平,等,2009.不同采样尺度下土壤重金属的空间变异特征[J].土壤通报,40(6):1406-1410.
刘世梁,郭旭东,连纲,等,2005.黄土高原土壤养分空间变异的多尺度分析——以横山县为例[J].水土保持学报,19(5):105-108.
刘孝盈,于琪洋,杨爱民,2012.前沿研究:典型国家土壤侵蚀与泥沙淤积[M].北京:中国水利水电出版社,151-153.
刘元保,唐克丽,查轩,等,1990.坡耕地不同地面覆盖的水土流失试验研究[J].水土保持学报,4(1):25-29.
刘元保,朱显谟,周佩华,等,1988.黄土高原土壤侵蚀垂直分带性研究[J].中国科学院水利部西北水土保持研究所集刊,(1):5-8.
刘志鹏,2013.黄土高原地区土壤养分的空间分布及其影响因素[D].北京:中国科学院大学.

柳玉梅,张光辉,韩艳峰,2008.坡面流土壤分离速率与输沙率耦合关系研究[J].水土保持学报,22(3):24-28.

柳玉梅,张光辉,李丽娟,等,2009.坡面流水动力学参数对土壤分离能力的定量影响[J].农业工程学报,25(6):96-99.

卢玉东,谭钦文,尹光志,2005.土壤侵蚀空间变异性理论初步探讨[J].人民黄河,27(7):26-28.

卢玉东,谭钦文,2005.土壤侵蚀空间变异性及趋势预测的地统计学分析[J].水土保持研究,12(5):149-152.

罗来兴,1956.划分晋西、陕北、陇东黄土区域沟间地与沟谷的地貌类型[J].地理学报,22(3):201-222.

闾国年,钱亚东,陈钟明,1998.基于栅格数字高程模型自动提取黄土地貌沟沿线技术研究[J].地理科学,18(6):567-573.

吕一河,傅伯杰,2001.生态学中的尺度及尺度转换方法[J].生态学报,21(12):2096-2105.

穆兴民,李朋飞,高鹏,等,2016.土壤侵蚀模型在黄土高原的应用述评[J].人民黄河,38(10):100-110.

潘成忠,上官周平,2009.降雨和坡度对坡面流水动力学参数的影响[J].应用基础与工程科学学报,17(6):843-851.

潘剑君,1995.利用土壤入渗速率和土壤抗剪力确定土壤侵蚀等级[J].水土保持学报,9(2):93-96.

邱扬,傅伯杰,王军,等,2002a.黄土丘陵小流域土壤物理性质的空间变异[J].地理学报,57(5):587-594.

邱扬,傅伯杰,王勇,2002b.土壤侵蚀时空变异及其与环境因子的时空关系[J].水土保持学报,16(1):108-111.

邱扬,傅伯杰,2004.异质景观中水土流失的空间变异与尺度变异[J].生态学报,24(2):330-337.

沙际德,蒋允静,1995.试论初生态侵蚀性坡面薄层水流的基本动力特性[J].水土保持学报,9(4):29-35.

邵明安,王全九,黄明斌,2006.土壤物理学[M].北京:高等教育出版社.

史志刚,1996.土壤侵蚀区域分异特征及治理模式研究[J].水土保持研究,3(4):9-11.

水利部,中国科学院,中国工程院,2010.中国水土流失防治与生态安全·总卷[M].北京:科学出版社.

孙龙,张光辉,栾莉莉,等,2016.黄土丘陵区表层土壤有机碳沿降水梯度的分布[J].应用生态学报,27(2):532-538.

汤国安,刘学军,闾国年,2005.数字高程模型及地学分析的原理与方法[M].北京：科学出版社.

汤立群,陈国祥,蔡名扬,1990.黄土丘陵区小流域产沙数学模型[J].河海大学学报(自然科学版),18(6)：10-16.

唐克丽,史立人,史德明,2004.中国水土保持[M].北京：科学出版社.

唐克丽,1999.中国土壤侵蚀与水土保持学的特点及展望[J].水土保持研究,6(2)：2-7.

陶建格,2014.我国坡耕地资源开发利用与水土流失之困——水土资源系列调研分析[J].科技管理研究,34(22)：162-165.

王军光,李朝霞,蔡崇法,等,2011.集中水流内红壤分离速率与团聚体特征及抗剪强度定量关系[J].土壤学报,48(6)：1133-1140.

王军光,李朝霞,蔡崇法,等,2012.坡面流水力学参数对团聚体剥蚀程度的定量影响[J].水科学进展,23(4)：502-508.

王万中,焦菊英,郝小品,等,1995.中国降雨侵蚀力R值的计算与分布(I)[J].水土保持学报,9(4)：7-18.

王文龙,雷阿林,李占斌,等,2003a.黄土区不同地貌部位径流泥沙空间分布试验研究[J].农业工程学报,19(4)：40-43.

王文龙,雷阿林,李占斌,等,2004.黄土区坡面侵蚀时空分布与上坡来水作用的实验研究[J].水利学报,35(5)：25-30,38.

王文龙,莫翼翔,雷阿林,等,2003b.黄土区土壤侵蚀链各垂直带水沙流时空分布特征研究[J].水动力学研究与进展：A辑,18(5)：540-546.

王晓燕,田均良,杨明义,2003.应用同位素示踪土壤侵蚀研究的进展[J].中国水土保持科学,1(4)：72-77.

王长燕,郁耀闯,2016a.黄土丘陵区退耕草地土壤分离能力季节变化研究[J].土壤学报,(4)：1047-1055.

王长燕,郁耀闯,2016b.黄土丘陵区不同草被类型土壤细沟可蚀性季节变化研究[J].农业机械学报,47(8)：101-108.

魏天兴,朱金兆,朱清科,等,1998.黄土陡坡地农林复合经营设计与水土保持效益研究[J].土壤侵蚀与水土保持学报,4(2)：82-87.

吴发启,张洪江,2012.土壤侵蚀学[M].北京：科学出版社.

吴普特,周佩华,1992.坡面薄层水流流动型态与侵蚀搬运方式的研究[J].水土保持学报,6(1)：19-24,39.

肖晨超,汤国安,2007.黄土地貌沟沿线类型划分[J].干旱区地理,30(5)：646-653.

肖培青,郑粉莉,姚文艺,2009.坡沟系统坡面径流流态及水力学参数特征研究[J].水科学进展,20(2)：236-240.

谢云,刘宝元,章文波,2000.侵蚀性降雨标准研究[J].水土保持学报,14(4):6-11.

谢云,章文波,刘宝元,2001.用日雨量和雨强计算降雨侵蚀力[J].水土保持通报,21(6):53-56.

辛树帜,蒋德麒,1982.中国水土保持概论[M].北京:农业出版社.

许峰,蔡强国,吴淑安,等,2000.坡地农林复合系统土壤养分时间过程初步研究[J].水土保持学报,14(3):46-51.

许峰,张光远,1999.坡地等高植物篱带间距对表土养分流失影响[J].土壤侵蚀与水土保持学报,5(2):23-29.

闫峰陵,李朝霞,史志华,等,2009.红壤团聚体特征与坡面侵蚀定量关系[J].农业工程学报,25(3):37-41.

杨艳丽,史学正,于东升,等,2008.区域尺度土壤养分空间变异及其影响因素研究[J].地理科学,28(6):788-792.

姚鲁烽,王英杰,2016.罗来兴先生的地貌学研究[J].地理学报,71(5):883-892..

尹国康,陈钦峦,1989.黄土高原小流域特性指标与产沙统计模式[J].地理学报,44(1):32-46.

郁耀闯,王长燕,2016.黄土丘陵区须根系作物地土壤分离季节变化研究[J].土壤,48(5):1015-1021.

曾琪明,王洽堂,1996.密云水库上游水土流失遥感调查与分析[J].土壤侵蚀与水土保持学报,2(1):46-51,60.

张光辉,刘宝元,张科利,2002.坡面径流分离土壤的水动力学实验研究[J].土壤学报,39(6):882-886.

张光辉,刘国彬,2001.黄土丘陵区小流域土壤表面特性变化规律研究[J].地理科学,21(2):118-122.

张光辉,卫海燕,刘宝元,2001.坡面流水动力学特性研究[J].水土保持学报,15(1):58-61.

张光辉,2001.坡面水蚀过程水动力学研究进展[J].水科学进展,12(3):395-402.

张光辉,2002.坡面薄层流水动力学特性的实验研究[J].水科学进展,13(2):159-165.

张科利,张竹梅,2000.坡面侵蚀过程中细沟水流动力学参数估算探讨[J].地理科学,20(4):326-330.

张科利,1991.黄土坡面侵蚀产沙分配及其与降雨特征关系的研究[J].泥沙研究,(4):39-46.

张科利,1998.黄土坡面细沟侵蚀中的水流阻力规律研究[J].人民黄河,20(8):13-15.

张科利,1999.黄土坡面发育的细沟水动力学特征的研究[J].泥沙研究,(1):56-61.

张宽地,王光谦,孙晓敏,等,2014.坡面薄层水流水动力学特性试验[J].农业工程学报,30(15):182-189.

张磊,汤国安,李发源,等,2012.黄土地貌沟沿线研究综述[J].地理与地理信息科学,28(6):44-48.

张信宝,李少龙,王成华,等,1989.黄土高原小流域泥砂来源的^{137}Cs法研究[J].科学通报,34(3):210-213.

赵海霞,李波,刘颖慧,等,2005.皇甫川流域不同尺度景观分异下的土壤性状[J].生态学报,25(8):2010-2018.

赵焕胤,朱劲伟,1994.林带和牧草地径流的研究[J].水土保持学报,8(2):56-61.

赵文武,傅伯杰,陈利顶,2002.尺度推绎研究中的几点基本问题[J].地球科学进展,17(6):905-911.

郑粉莉,高学田,2003.坡面土壤侵蚀过程研究进展[J].地理科学,23(2):230-235.

郑粉莉,刘峰,杨勤科,等,2001.土壤侵蚀预报模型研究进展[J].水土保持通报,21(6):16-18,32.

郑粉莉,王占礼,杨勤科,2004.土壤侵蚀学科发展战略[J].水土保持研究,11(4):1-10.

周佩华,豆葆璋,孙清芳,等,1981.降雨能量的试验研究初报[J].水土保持通报,1(1):51-60.

朱显谟,1958.有关黄河中游土壤侵蚀区划问题[J].土壤通报,2(11):1-6.

ALBERTS E E, NEARING M A, WELTZ M A, et al, 1995. Soil component[G]// USDA-Water Erosion Prediction Project: Hillslope Profile and Watershed Model Documentation. Indiana: West Lafayette, National Soil Erosion Research Laboratory, Usda Ars: 7.1-7.45.

AMEZKETA E, 1999. Soil aggregate stability: a review[J]. Journal of Sustainable Agriculture, 14(2-3):83-151.

ARIATHURAI R, ARULANANDAN K, 1978. Erosion rates of cohesive soils[J]. Journal of the Hydraulics Division, 104(2):279-283.

ASADI H, MOUSSAVI A, GHADIRI H, et al, 2011. Flow-driven soil erosion processes and the size selectivity of sediment[J]. Journal of Hydrology, 406(1):73-81.

BAETS S D, TORRI D, POESEN J, et al, 2008. Modelling increased soil cohesion due to roots with EUROSEM[J]. Earth Surface Processes and Landforms, 33(13):1948-1963.

BAGNOLD R A, 1966. An approach to the sediment transport problem from General Pyhsics[C]. The Physics of Sediment Transport by Wind and Water. ASCE.

BENNETT S J, CASALI J, ROBINSON K M, et al, 2000. Characteristics of actively eroding ephemeral gullies in an experimental channel[J]. Journal of Electronic

Packaging: Transactions of the ASME, 43(3): 641-649.

BI H X, ZHANG J J, ZHU J Z, et al, 2008. Spatial dynamics of soil moisture in a complex terrain in the Semi-Arid Loess Plateau Region, China[J]. Journal of the American Water Resources Association, 44(5): 1121-1131.

BISSONNAIS Y L, 1996. Aggregate stability and assessment of soil crustability and erodibility: I. Theory and methodology[J]. European Journal of Soil Science, 47(4): 425-437.

BOIX-FAYOS C, CALVO-CASES A, IMESON A C, et al, 1998. Spatial and short-term temporal variations in runoff, soil aggregation and other soil properties along a mediterranean climatological gradient[J]. Catena, 33(2): 123-138.

BRONICK C J, LAL R, 2005. Soil structure and management: a review[J]. Geoderma, 124(1): 3-22.

BRYAN R B, 1969. The relative erodibility of soils developed in the Peak District of Derbyshire[J]. Geografiska Annaler, Series A: Physical Geography: 145-159.

BRYAN R B, 2000. Soil erodibility and processes of water erosion on hillslope[J]. Geomorphology, 32(3): 385-415.

BURT T, 2003. Scale: upscaling and downscaling in physical geography[G]//Key Concepts in Geography. Sage, London: 209-227.

CAMBARDELLA C A, MOORMAN T B, NOVAK T B, et al, 1994. Field-scale variability of soil properties in central Iowa soils[J]. Soil Science Society of America Journal, 58(5): 1501-1511.

CAO L X, ZHANG K L, ZHANG W, 2009. Detachment of road surface soil by flowing water[J]. Catena, 76(2): 155-162.

CELIK I, 2005. Land-use effects on organic matter and physical properties of soil in a southern Mediterranean highland of Turkey[J]. Soil and Tillage Research, 83(2): 270-277.

CERDÀ A, 1998. Soil aggregate stability under different Mediterranean vegetation types[J]. Catena, 32(2): 73-86.

CHANG R Y, JIN T T, LÜ Y, et al, 2014. Soil carbon and nitrogen changes following afforestation of marginal cropland across a precipitation gradient in Loess Plateau of China[J]. PloS One, 9(1): e85426.

CHEN L D, WANG J, FU B J, et al, 2001. Land-use change in a small catchment of northern Loess Plateau, China[J]. Agriculture, Ecosystems and Environment, 86(2): 163-172.

CHENU C, GUERIF J, 1991. Mechanical strength of clay minerals as influenced by an adsorbed polysaccharide[J]. Soil Science Society of America Journal, 55(4): 1076-1080.

CHENU C, LE BISSONNAIS Y, ARROUAYS D, 2000. Organic matter influence on clay wettability and soil aggregate stability[J]. Soil Science Society of America Journal, 64(4): 1479-1486.

CIAMPALINI R, TORRI D, 1998. Detachment of soil particles by shallow flow: sampling methodology and observations[J]. Catena, 32(1): 37-53.

COCHRANE T A, FLANAGAN D C, 1997. Detachment in a simulated rill[J]. Transactions of the ASAE, 40(1): 111-119.

COOTE D R, MALCOLM-MCGOVERN C A, Wall G J, et al, 1988. Seasonal variation of erodibility indices based on shear strength and aggregate stability in some Ontario soils[J]. Canadian Journal of Soil Science, 68(2): 405-416.

DE BAETS S, POESEN J, GYSSELS G, et al, 2006. Effects of grass roots on the erodibility of topsoils during concentrated flow [J]. Geomorphology, 76 (1): 54-67.

DE BAETS S, POESEN J, KNAPEN A, et al, 2007. Impact of root architecture on the erosion-reducing potential of roots during concentrated flow[J]. Earth Surface Processes and Landforms, 32(9): 1323-1345.

DE BAETS S, POESEN J, 2010. Empirical models for predicting the erosion-reducing effects of plant roots during concentrated flow erosion[J]. Geomorphology, 118 (3): 425-432.

DE ROO A, WESSELING C G, RITSEMA C J, 1996. LISEM: A single-event physically based hydrological and soil erosion model for drainage basins. I: Theory, input and output[J]. Hydrological Processes, 10(8): 1107-1117.

DHARMAKEERTHI R S, KAY B D, BEAUCHAMP E G, 2006. Spatial variability of in-season nitrogen uptake by corn across a variable landscape as affected by management[J]. Agronomy Journal, 98(2): 255-264.

DURNFORD D, KING J P, 1993. Experimental study of processes and particle-size distributions of eroded soil[J]. Journal of Irrigation and Drainage Engineering, 119 (2): 383-398.

ELLIOT W J, LAFLEN J M, 1993. A process-based rill erosion model [J]. Transactions of the ASAE, 36(1): 65-72.

ELLIOT W J, 1990. Compendium of soil erodibility data from WEPP cropland soil field erodibility experiments 1987 & 1988[J]. Agricultural Research Service, U. S. Department of Agriculture, Natural Soil Erosion Research Laboratory, Purdue

University.

FARINA A, 2006. Principles and methods in landscape ecology: towards a science of landscape[M]. Dordrecht, The Netherlands: Springer.

FATTET M, FU Y, GHESTEM M, et al, 2011. Effects of vegetation type on soil resistance to erosion: relationship between aggregate stability and shear strength [J]. Catena, 87(1): 60-69.

FLANAGAN D C, NEARING M A, 1995. USDA-Water Erosion Prediction Project: hillslope profile and watershed model documentation[R]. NSERL report. No. 10. West Lafayette, Ind. : USDA-ARS National Soil Erosion Research Laboratory.

FOSTER G R, FLANAGAN D C, NEARING M A, et al, 1995. USDA-Water Erosion Prediction Project (WEPP): technical documentation[J]. National Soil Erosion Research Laboratory Rep, 10. West Lafayette, Ind. : USDA — ARS National Soil Erosion Research Laboratory.

FOSTER G R, LANE L J, NOWLIN J D, et al, 1981. Estimating erosion and sediment yield on field-sized areas[J]. Transactions of the ASAE, 24(5): 1253-1262.

FOSTER G R, MEYER L D, 1972. A closed-form soil erosion equation for upland areas[G]//Shen W H. Sedimentation Symposium to Honor Professor H. A. Einstein. Fort Collins, Colo.

FOSTER G R, 1982. Modeling the erosion process[G]//Haan C T, Brakensiek D L, Johnson H P. Hydrologic modeling of small watersheds. St. Joseph, MI, USA, ASAE Monograph: 297-380.

FU B J, WANG J, CHEN L D, et al, 2003. The effects of land use on soil moisture variation in the Danangou catchment of the Loess Plateau, China[J]. Catena, 54 (1-2): 197-213.

FU B J, ZHANG Q J, CHEN L D, et al, 2006. Temporal change in land use and its relationship to slope degree and soil type in a small catchment on the Loess Plateau of China[J]. Catena, 65(1): 41-48.

GARCIA F, CRUSE R M, BLACKMER A M, 1988. Compaction and nitrogen placement effect on root growth, water depletion, and nitrogen uptake[J]. Soil Science Society of America Journal, 52(3): 792-798.

GARCÍA-RUIZ J M, BEGUERÍA S, NADAL-ROMERO E, et al, 2015. A meta-analysis of soil erosion rates across the world[J]. Geomorphology, 239: 160-173.

GARCÍA-RUIZ J M, 2010. The effects of land uses on soil erosion in Spain: a review [J]. Catena, 81(1): 1-11.

GARDNER D S, HORGAN B P, HORVATH B J, 2008. Spatial variability of the Illinois soil nitrogen test: implications for sampling in a turfgrass system[J]. Crop Science, 48(6): 2421-2428.

GENG R, ZHANG G H, LI Z W, et al, 2015. Spatial variation in soil resistance to flowing water erosion along a regional transect in the Loess Plateau[J]. Earth Surface Processes and Landforms, 40 (15): 2049-2058.

GENG R, ZHANG G H, MA Q H, et al, 2017. Soil resistance to runoff on steep croplands in Eastern China[J]. Catena, 152: 18-28.

GHEBREIYESSUS Y T, GANTZER C J, ALBERTS E E, et al, 1994. Soil erosion by concentrated flow: shear stress and bulk density[J]. Transactions of the ASAE, 37(6): 1791-1797.

GILLEY J E, ELLIOT W J, LAFLEN J M, et al, 1993. Critical shear stress and critical flow rates for initiation of rilling[J]. Journal of Hydrology, 142(1-4): 251-271.

GIMÉNEZ R, GOVERS G, 2008. Effects of freshly incorporated straw residue on rill erosion and hydraulics[J]. Catena, 72(2): 214-223.

GOVERS G, EVERAERT W, POESEN J, et al, 1990. A long flume study of the dynamic factors affecting the resistance of a loamy soil to concentrated flow erosion [J]. Earth Surface Processes and Landforms, 15(4): 313-328.

GOVERS G, GIMÉNEZ R, VAN OOST K, 2007. Rill erosion: exploring the relationship between experiments, modelling and field observations[J]. Earth-Science Reviews, 84(3-4): 87-102.

GOVERS G, LOCH R J, 1993. Effects of initial water content and soil mechanical strength on the runoff erosion resistance of clay soils[J]. Australian Journal of Soil Research, 31(5): 549-566.

GREGORICH E G, ANDERSON D W, 1985. Effects of cultivation and erosion on soils of four toposequences in the Canadian prairies[J]. Geoderma, 36(3-4): 343-354.

GRISSINGER E H, 1966. Resistance of selected clay systems to erosion by water[J]. Water Resources Research, 2(1): 131-138.

GRISSINGER E H, 1982. Bank erosion of cohesive materials[M]. Wiley: Chichester.

GUO Q K, HAO Y F, LIU B Y, 2015. Rates of soil erosion in China: a study based on runoff plot data[J]. Catena, 124: 68-76.

GYSSELS G, POESEN J, BOCHET E, et al, 2005. Impact of plant roots on the resistance of soils to erosion by water: a review[J]. Progress in Physical Geography, 29(2): 189-217.

GYSSELS G, POESEN J, LIU G, et al, 2006. Effects of cereal roots on detachment rates of single- and double-drilled topsoils during concentrated flow[J]. European Journal of Soil Science, 57(3): 381-391.

GYSSELS G, POESEN J, 2003. The importance of plant root characteristics in controlling concentrated flow erosion rates[J]. Earth Surface Processes and Landforms, 28(4): 371-384.

HAIRSINE P B, ROSE C W, 1992. Modeling water erosion due to overland flow using physical principles: 1. Sheet flow[J]. Water Resources Research, 28(1): 237-243.

HÅKANSSON I, LIPIEC J, 2000. A review of the usefulness of relative bulk density values in studies of soil structure and compaction[J]. Soil & Tillage Research, 53(2): 71-85.

HALES T C, FORD C R, HWANG T, et al, 2009. Topographic and ecologic controls on root reinforcement[J]. Journal of Geophysical Research: Earth Surface, 114(F3): 554-570.

HANSON G J, SIMON A, 2001. Erodibility of cohesive streambeds in the loess area of the midwestern USA[J]. Hydrological Processes, 15(1): 23-38.

HANSON G J, 1996. Investigating soil strength and stress-strain indices to characterize erodibility[J]. Transactions of the ASAE, 39(3): 883-890.

HIRSCHI M C, BARFIELDA B J, 1988. KYERMO: a physically based research erosion model part Ⅰ. model development[J]. Transactions of the ASAE, 31(3): 804-813.

HOOSBEEK M R, 1998. Incorporating scale into spatio-temporal variability: applications to soil quality and yield data[J]. Geoderma, 85(2-3): 113-131.

IGWE C A, 2005. Erodibility in relation to water-dispersible clay for some soils of eastern Nigeria[J]. Land Degradation and Development, 16(1): 87-96.

ISLAM K R, WEIL R R, 2000. Land use effects on soil quality in a tropical forest ecosystem of Bangladesh[J]. Agriculture, Ecosystems and Environment, 79(1): 9-16.

ISSA O M, BISSONNAIS Y L, PLANCHON O, et al, 2006. Soil detachment and transport on field-and laboratory-scale interrill areas: erosion processes and the size-selectivity of eroded sediment[J]. Earth Surface Processes and Landforms, 31(8): 929-939.

JOHNSON C E, GRISSO R D, NICHOLS T A, et al, 1987. Shear measurement for agricultural soils: a review[J]. Transactions of ASAE, 30(4): 935-938.

KEMPER W D, ROSENAU R C, 1986. Aggregate stability and size distribution[G]// Klute A. Methods of Soil Analysis, part 1: Physical and Mineralogical Methods. Soil Science Society of America: 425-442.

KINNELL P I A, 2010. Event soil loss, runoff and the Universal Soil Loss Equation family of models: a review[J]. Journal of Hydrology, 385(1): 384-397.

KINNELL P I A, 2016. A review of the design and operation of runoff and soil loss plots[J]. Catena, 145: 257-265.

KIRKBY M J, COX N J, 1995. A climatic index for soil erosion potential (CSEP) including seasonal and vegetation factors[J]. Catena, 25(1-4): 333-352.

KIRKBY M J, IMESON A C, BERGKAMP G, et al, 1996. Scaling up processes and models from the field to the watershed and regional areas[J]. Journal of Soil and Water Conservation, 51(5): 391-396.

KNAPEN A, POESEN J, GOVERS G, et al, 2007a. Resistance of soils to concentrated flow erosion: a review [J]. Earth-Science Reviews, 80 (1-2): 75-109.

KNAPEN A, POESEN J, GALINDO-MORALES P, et al, 2007b. Effects of microbiotic crusts under cropland in temperate environments on soil erodibility during concentrated flow[J]. Earth Surface Processes and Landforms, 32(12): 1884-1901.

KNAPEN A, POESEN J, GOVERS G, et al, 2008. The effect of conservation tillage on runoff erosivity and soil erodibility during concentrated flow[J]. Hydrological Processes, 22(10): 1497-1508.

KOOLEN A J, KUIPERS H, 1983. Agricultural soil mechanics[M]. Springer Science & Business Media.

KOSMAS C S, DANALATOS N G, MOUSTAKAS N, et al, 1993. The impacts of parent material and landscape position on drought and biomass production of wheat under semi-arid conditions[J]. Soil Technology, 6(4): 337-349.

LAFLEN J M, ELLIOT W J, SIMANTON J R, et al, 1991. WEPP: soil erodibility experiments for rangeland and cropland soils [J]. Journal of Soil and Water Conservation, 46(1): 39-44.

LAVEE H, IMESON A C, SARAH P, 1998. The impact of climate change on geomorphology and desertification along a mediterranean-arid transect[J]. Land Degradation and Development, 9(5): 407-422.

LAVELLE J W, MOFJELD H, 1987. Do critical stresses for incipient motion and erosion really exist? [J]. Journal of Hydraulic Engineering, 113(3): 370-385.

LE BISSONNAIS Y, RENAUX B, DELOUCHE H, 1995. Interactions between soil properties and moisture content in crust formation, runoff and interrill erosion from tilled loess soils[J]. Catena, 25(1): 33-46.

LEI T W, ZHANG Q W, YAN L J, et al, 2008. A rational method for estimating erodibility and critical shear stress of an eroding rill[J]. Geoderma, 144(3-4): 628-633.

LEI T W, ZHANG Q W, ZHAO J, et al, 2002. Soil detachment rates for sediment loaded flow in rills[J]. Transactions of the ASABE, 45(6): 1897-1903.

LEI T W, ZHANG Q W, ZHAO J, et al, 2006. Tracing sediment dynamics and sources in eroding rills with rare earth elements[J]. European Journal of Soil Science, 57(3): 287-294.

LÉONARD J, RICHARD G, 2004. Estimation of runoff critical shear stress for soil erosion from soil shear strength[J]. Catena, 57(3): 233-249.

LEWIS S M, BARFIELD B J, STORM D E, et al, 1994. Proril: an erosion model using probability distributions for rill flow and density I. Model Development[J]. Transactions of the ASAE, 37(1): 115-123.

LI Y, ZHU X M, TIAN J Y, 1991. Effectiveness of plant roots to increase the anti-scourability of soil on the Loess Plateau[J]. Chinese Science Bulletin, 36(24): 2077-2082.

LI Z Y, FANG H Y, 2016. Impacts of climate change on water erosion: a review[J]. Earth-Science Reviews, 163: 94-117.

LI Z W, ZHANG G H, GENG R, et al, 2015a. Spatial heterogeneity of soil detachment capacity by overland flow at a hillslope with ephemeral gullies on the Loess Plateau[J]. Geomorphology, 248: 264-272.

LI Z W, ZHANG G H, GENG R, et al, 2015b. Land use impacts on soil detachment capacity by overland flow in the Loess Plateau, China[J]. Catena, 124: 9-17.

LI Z W, ZHANG G H, GENG R, et al, 2015c. Rill erodibility as influenced by soil and land use in a small watershed of the Loess Plateau, China[J]. Biosystems Engineering, 129: 248-257.

LINE D E, MEYER L D, 1989. Evaluating interrill and rill erodibilities for soils of different textures[J]. Transactions of the ASAE, 32(6): 1995-1999.

LIU B Y, NEARING M A, RISSE L M, 1994. Slope gradient effects on soil loss for steep slopes[J]. Transactions of the ASAE, 37(6): 1835-1840.

LIU B Y, NEARING M A, SHI P J, et al, 2000. Slope length effects on soil loss for steep slopes[J]. Soil Science Society of America Journal, 64(5): 1759-1763.

LIU F, ZHANG G H, SUN L, et al, 2015. Effects of biological soil crusts on soil detachment process by overland flow in the Loess Plateau of China[J]. Earth Surface Processes and Landforms, 41(7): 875-883.

LIU S L, GUO X D, FU B J, et al, 2007. The effect of environmental variables on soil characteristics at different scales in the transition zone of the Loess Plateau in China [J]. Soil Use and Management, 23(1): 92-99.

LIU S L, FU B J, LU Y H, et al, 2002. Assessment of soil quality in relation to land use and landscape position on slope[J]. Acta Ecologica Sinica, 23(3): 414-420.

LIU Z P, SHAO M A, WANG Y Q, 2013. Spatial patterns of soil total nitrogen and soil total phosphorus across the entire Loess Plateau region of China [J]. Geoderma, 197-198(58): 67-78.

LUDWIG J A, TONGWAY D J, MARSDEN S G, 1999. Stripes, strands or stipples: modelling the influence of three landscape banding patterns on resource capture and productivity in semi-arid woodlands, Australia[J]. Catena, 37(1-2): 257-273.

LUK S H, MERZ W, 1992. Use of the salt tracing technique to determine the velocity of overland flow[J]. Soil Technology, 5(4): 289-301.

LUNATI I, BERNARD D, GIUDICI M, et al, 2001. A numerical comparison between two upscaling techniques: non-local inverse based scaling and simplified renormalization[J]. Advances in Water Resources, 24(8): 913-929.

LYLE W M, SMERDON E T, 1965. Relation of compaction and other soil properties to erosion resistance of soils[J]. Transactions of the ASAE, 8(3): 419-422.

MABIT L, BERNARD C, 2010. Spatial distribution and content of soil organic matter in an agricultural field in eastern Canada, as estimated from geostatistical tools[J]. Earth Surface Processes and Landforms, 35(3): 278-283.

MALO D D, WORCESTER B K, CASSEL D K, et al, 1974. Soil-landscape relationships in a closed drainage system[J]. Soil Science Society of America Journal, 38(5): 813-818.

MAMEDOV A I, HUANG C, LEVY G J, 2006. Antecedent moisture content and aging duration effects on seal formation and erosion in smectitic soils[J]. Soil Science Society of America Journal, 70(3): 832-843.

MAMO M, BUBENZER G D, 2001a. Detachment rate, soil erodibility, and soil strength as influenced by living plant roots. Part I: laboratory study[J]. Transactions of the ASAE, 44(5): 1167-1174.

MAMO M, BUBENZER G D, 2001b. Detachment rate, soil erodibility, and soil strength as influenced by living plant roots part II: Field study[J]. Transactions of the ASAE, 44(5): 1175-1181.

MCCOOL D K, BROWN L C, FOSTER G R, et al, 1987. Revised slope steepness factor for the Universal Soil Loss Equation[J]. Transactions of the ASAE, 30(5): 1387-1396.

MERZ W, BRYAN R B, 1993. Critical conditions for rill initiation on sandy loam Brunisols: laboratory and field experiments in southern Ontario, Canada[J]. Geoderma, 57(4): 357-385.

MESHESHA D T, TSUNEKAWA A, HAREGEWEYN N, 2016. Determination of soil erodibility using fluid energy method and measurement of the eroded mass[J]. Geoderma, 284: 13-21.

MEYER L D, HARMON W C, 1984. Susceptibility of agricultural soils to interrill erosion[J]. Soil Science Society of America Journal, 48(5): 1152-1157.

MINKS A G, 1983. Investigation of the effect of soil particle orientation on the erodibility of kaolinite[J]. Archivio Italiano Di Urologia, 29(2): 147-158.

MISRA R K, ROSE C W, 1996. Application and sensitivity analysis of process - based erosion model GUEST[J]. European Journal of Soil Science, 47(4): 593-604.

MORGAN R P C, QUINTON J N, SMITH R E, et al, 1998. The European Soil Erosion Model (EUROSEM): a dynamic approach for predicting sediment transport from fields and small catchments[J]. Earth Surface Processes and Landforms, 23(6): 527-544.

NACHTERGAELE J, POESEN J, 2002. Spatial and temporal variations in resistance of loess-derived soils to ephemeral gully erosion[J]. European Journal of Soil Science, 53(3): 449-463.

NEARING M A, BRADFORD J M, PARKER S C, 1991. Soil detachment by shallow flow at low slopes[J]. Soil Science Society of America Journal, 55(2): 339-344.

NEARING M A, FOSTER G R, LANE L J, et al, 1989. A process-based soil erosion model for USDA-water erosion prediction project technology[J]. Transactions of ASAE, 32(5): 1587-1593.

NEARING M A, PARKER S C, 1994. Detachment of soil by flowing water under turbulent and laminar conditions[J]. Soil Science Society of America Journal, 58(6): 1612-1614.

NEARING M A, SIMANTON J R, NORTON L D, et al, 1999. Soil erosion by surface water flow on a stony, semiarid hillslope[J]. Earth Surface Processes and Landforms, 24(8): 677-686.

NEARING M A, WEST L T, BROWN L C, 1988. A consolidation model for estimating changes in rill erodibility[J]. Transactions of ASAE, 31(3): 696-700.

NEARING M A, 1998. Why soil erosion models over-predict small soil losses and under-predict large soil losses[J]. Catena, 32(1): 15-22.

NI S J, ZHANG J H, 2007. Variation of chemical properties as affected by soil erosion on hillslopes and terraces [J]. European Journal of Soil Science, 58(6): 1285-1292.

NIELSEN D R, BOUMA J, 1985. Soil spatial variability[M]. Proceedings of a workshop of the ISSS and the SSSA, Las Vegas, USA. 30th November—1st December, 1984. Wageningen, The Netherlands: Pudoc: 243.

OVALLES F A, COLLINS M E, 1986. Soil-landscape relationships and soil variability in north central Florida[J]. Soil Science Society of America Journal, 50(2): 401-408.

OWOPUTI L O, STOLTE W J, 1995. Soil detachment in the physically based soil erosion process: a review[J]. Transactions of the ASAE, 38(4): 1099-1110.

PENNOCK D J, ANDERSON D W, DE JONG E, 1994. Landscape-scale changes in indicators of soil quality due to cultivation in Saskatchewan, Canada [J]. Geoderma, 64(1-2): 1-19.

PETERSON D L, PARKER V T, 1998. Ecological scale: theory and applications[M]. New York: Columbia University Press.

PIERSON F B, MULLA D J, 1990. Aggregate stability in the Palouse region of Washington: effect of landscape position[J]. Soil Science Society of America Journal, 54(5): 1407-1412.

POESEN J, NACHTERGAELE J, VERSTRAETEN G, et al, 2003. Gully erosion and environmental change: importance and research needs[J]. Catena, 50(2-4): 91-133.

POESEN J, 1992. Mechanisms of overland-flow generation and sediment production on loamy and sandy soils with and without rock fragments[M]//Parsons, A J, Abrahams A D. Overland Flow Hydraulics and Erosion Mechanics. London, UK: UCL Press: 275-305.

PROFFITT A, ROSE C W, 1991. Soil erosion processes. II. Settling velocity characteristics of eroded sediment[J]. Soil Research, 29(5): 685-695.

PUGNAIRE F I, LUQUE M T, ARMAS C, et al, 2006. Colonization processes in semi-arid Mediterranean old-fields[J]. Journal of Arid Environments, 65(4): 591-603.

QIU Y, FU B J, WANG J, et al, 2001. Soil moisture variation in relation to topography and land use in a hillslope catchment of the Loess Plateau, China[J]. Journal of Hydrology, 240(3-4): 243-263.

RAPP I, 1999. Effects of soil properties and experimental conditions on the rill erodibilities of selected soils[D]. Thesis, Faculty of Biological, and Agricultural Sciences, University of Pretoria, South Africa.

RODRÍGUEZ A, DURÁN J, FERNÁNDEZ-PALACIOS J M, et al, 2009. Spatial pattern and scale of soil N and P fractions under the influence of a leguminous shrub in a *Pinus canariensis* forest[J]. Geoderma, 151(3-4): 303-310.

ROMERO C C, STROOSNIJDER L, BAIGORRIA G A, 2007. Interrill and rill erodibility in the northern Andean Highlands[J]. Catena, 70(2): 105-113.

RÖMKENS M J M, ROTH C B, NELSON D W, 1977. Erodibility of selected clay subsoils in relation to physical and chemical properties[J]. Soil Science Society of America Journal, 41(5): 954-960.

ROSE C W. 1985. Developments in soil erosion and deposition models [J]. Advances in Soil Science, 2: 1-63.

RUFFO M L, BOLLERO G A, HOEFT R G, et al, 2005. Spatial variability of the Illinois soil nitrogen test[J]. Agronomy Journal, 97(6): 1485-1492.

SCHENK H J, JACKSON R B, 2002. The global biogeography of roots[J]. Ecological monographs, 72(3): 311-328.

SHAINBERG I, GOLDSTEIN D, LEVY G J, 1996. Rill erosion dependence on soil water content, aging, and temperature [J]. Soil Science Society of America Journal, 60(3): 916-922.

SHERIDAN G J, SO H B, LOCH R J, et al, 2000a. Estimation of erosion model erodibility parameters from media properties [J]. Australian Journal of Soil Research, 38(2): 265-284.

SHERIDAN G J, SO H B, LOCH R J, et al, 2000b. Use of laboratory-scale rill and interill erodibility measurements for the prediction of hillslope-scale erosion on rehabilitated coal mine soils and overburdens[J]. Australian Journal of Soil Research, 38(2): 285-298.

SHI Z H, FANG N F, WU F Z, et al, 2012. Soil erosion processes and sediment sorting associated with transport mechanisms on steep slopes[J]. Journal of Hydrology, 454: 123-130.

SHI Z H, YAN F L, LI L, et al, 2010. Interrill erosion from disturbed and undisturbed samples in relation to topsoil aggregate stability in red soils from subtropical China[J]. Catena, 81(3): 240-248.

SHIRAZI M A, BOERSMA L, 1984. A unifying quantitative analysis of soil texture [J]. Soil Science Society of America Journal, 48(1): 142-147.

SINGER M J, JANITZKY P, BLACKARD J, 1982. The influence of exchangeable sodium percentage on soil erodibility[J]. Soil Science Society of America Journal, 46(1): 117-121.

SLOBODIAN N, VAN REES K C J, PENNOCK D, 2002. Cultivation-induced effects on belowground biomass and organic carbon[J]. Soil Science Society of America Journal, 66(3): 924-930.

SMERDON E T, BEASLEY R P, 1959. Tractive force theory applied to stability of open channels in cohesive soils[D]. Agricultural Experiment Station University of Missouri Research Bulletin: 715.

SMITH D D, WISCHMEIER W H, 1957. Factors affecting sheet and rill erosion[J]. Eos, Transactions American Geophysical Union, 38(6): 889-896.

SU Z L, ZHANG G H, YI T, et al, 2014. Soil Detachment Capacity by Overland Flow for Soils of the Beijing Region[J]. Soil Science, 179(9): 446-453.

SUN L, ZHANG G H, LUAN L L, et al, 2016. Temporal variation in soil resistance to flowing water erosion for soil incorporated with plant litters in the Loess Plateau of China[J]. Catena, 145: 239-245.

TORRI D, SFALANGA M, CHISCI G, 1987. Threshold conditions for incipient rilling [J]. Catena Supplement, 8 (6): 97-105.

TORRI D, 1987. A theoretical study of soil detachability[J]. Catena Supplement, 10: 97-105.

TRUMAN C C, BRADFORD J M, FERRIS J E, 1990. Antecedent water content and rainfall energy influence on soil aggregate breakdown[J]. Soil Science Society of America Journal, 54(5): 1385-1392.

VAN REES K C J, HOSKINS J A, HOSKINS W D, 1994. Analyzing root competition with dirichlet tessellation for wheat on three landscape positions[J]. Soil Science Society of America Journal, 58(2): 423-432.

VANNOPPEN W, VANMAERCKE M, DE BAETS S, et al, 2015. A review of the mechanical effects of plant roots on concentrated flow erosion rates[J]. Earth-Science Reviews, 150: 666-678.

VILES H A, 2001. Scale issues in weathering studies[J]. Geomorphology, 41(1): 63-72.

WANG B, ZHANG G H, SHI Y Y, et al, 2013. Effect of natural restoration time of abandoned farmland on soil detachment by overland flow in the Loess Plateau of

China[J]. Earth Surface Processes and Landforms, 38(14): 1725-1734.

WANG B, ZHANG G H, SHI Y Y, et al, 2014a. Soil detachment by overland flow under different vegetation restoration models in the Loess Plateau of China[J]. Catena, 116: 51-59.

WANG B, ZHANG G H, ZHANG X C, et al, 2014b. Effects of near soil surface characteristics on soil detachment by overland flow in a natural succession grassland [J]. Soil Science Society of America Journal, 78(2): 589-597.

WANG B, ZHANG G H, SHI Y Y, et al, 2015. Effects of Near Soil Surface Characteristics on the Soil Detachment Process in a Chronological Series of Vegetation Restoration[J]. Soil Science Society of America Journal, 79(4): 1213-1222.

WANG D D, WANG Z L, SHEN N, et al, 2016. Modeling soil detachment capacity by rill flow using hydraulic parameters[J]. Journal of Hydrology, 535: 473-479.

WANG J G, LI Z X, CAI C F, et al, 2012. Predicting physical equations of soil detachment by simulated concentrated flow in Ultisols (subtropical China)[J]. Earth Surface Processes and Landforms, 37(6): 633-641.

WANG J, FU B J, QIU Y, et al. 2001. Soil nutrients in relation to land use and landscape position in the semi-arid small catchment on the loess plateau in China [J]. Journal of Arid Environments, 48(4): 537-550.

WANG Y Q, SHAO M A, LIU Z P, 2010. Large-scale spatial variability of dried soil layers and related factors across the entire Loess Plateau of China[J]. Geoderma, 159(1-2): 99-108.

WANG Y Q, ZHANG X C, HUANG C Q, 2009. Spatial variability of soil total nitrogen and soil total phosphorus under different land uses in a small watershed on the Loess Plateau, China[J]. Geoderma, 150(1-2): 141-149.

WEST L T, MILLER W P, LANGDALE G W, et al, 1992. Cropping system and consolidation effects on rill erosion in the Georgia Piedmont[J]. Soil Science Society of America Journal, 56(4): 1238-1243.

WISCHMEIER W H, SMITH D D, 1978. Predicting rainfall erosion losses: a guide to conservation Planning[M]. Agriculture Handbook No. 282. Washington, D. C, USDA.

WOODWARD D E, 1999. Method to predict cropland ephemeral gully erosion[J]. Catena, 37(3-4): 393-399.

WUDDIVIRA M N, CAMPS-ROACH G, 2007. Effects of organic matter and calcium on soil structural stability[J]. European Journal of Soil Science, 58(3): 722-727.

XIONG L Y, TANG G A, YAN S J, et al, 2014. Landform oriented flow routing algorithm for the dual structure loess terrain based on digital elevation models[J]. Hydrological Processes, 28(4): 1-11.

YAN F L, SHI Z H, LI Z X, et al, 2008. Estimating interrill soil erosion from aggregate stability of Ultisols in subtropical China[J]. Soil and Tillage Research, 100(1-2): 34-41.

YANG C T, 1972. Unit stream power and sediment transport[J]. Journal of the Hydraulics Division, 98(10): 1805-1826.

YODER R E, 1936. A direct method of aggregate analysis of soils and a study of the physical nature of erosion losses[J]. Agronomy Journal, 28(5): 337-351.

YU Y C, ZHANG G H, GENG R, et al, 2014a. Temporal variation in soil detachment capacity by overland flow under four typical crops in the Loess Plateau of China[J]. Biosystems Engineering, 122: 139-148.

YU Y C, ZHANG G H, GENG R, et al, 2014b. Temporal variation in soil rill erodibility to concentrated flow detachment under four typical croplands in the Loess Plateau of China[J]. Journal of Soil and Water Conservation, 69(4): 352-363.

ZHANG G H, LIU B Y, NEARING M A, et al, 2002. Soil detachment by shallow flow[J]. Transactions of the ASAE, 45(2): 351-357.

ZHANG G H, LIU G B, TANG K M, et al, 2008. Flow detachment of soils under different land uses in the Loess Plateau of China[J]. Transactions of the ASABE, 51(3): 883-890.

ZHANG G H, TANG K M, REN Z P, et al, 2013. Impact of grass root mass density on soil detachment capacity by concentrated flow on steep slopes[J]. Transactions of the ASABE, 56(3): 927-934.

ZHANG G H, TANG K M, ZHANG X C, 2009. Temporal variation in soil detachment under different land uses in the Loess Plateau of China[J]. Earth Surface Processes and Landforms, 34(9): 1302-1309.

ZHANG G H, LIU B Y, LIU G B, et al, 2003. Detachment of undisturbed soil by shallow flow[J]. Soil Science Society of America Journal, 67(3): 713-719.

ZHANG G H, TANG K M, SUN Z L, et al, 2014. Temporal variability in rill erodibility for two types of grasslands[J]. Soil Research, 52(8): 781-788.

ZHANG K L, SHU A P, XU X L, et al, 2008. Soil erodibility and its estimation for agricultural soils in China[J]. Journal of Arid Environments, 72(6): 1002-1011.

ZHANG X C, NEARING M A, NORTON L D, et al, 1998. Modeling interrill sediment delivery[J]. Soil Science Society of America Journal, 62(2): 438-444.

ZHANG X C, LI Z B, DING W F, 2005. Validation of WEPP sediment feedback relationships using spatially distributed rill erosion data[J]. Soil Science Society of America Journal, 69(5): 1440-1447.

ZHANG X C, LIU W Z, 2005. Simulating potential response of hydrology, soil erosion, and crop productivity to climate change in Changwu tableland region on the Loess Plateau of China[J]. Agricultural and Forest Meteorology, 131(3-4): 127-142.

ZHANG X, ZHAO W W, LIU Y X, et al, 2016. The relationships between grasslands and soil moisture on the Loess Plateau of China: a review[J]. Catena, 145: 56-67.

ZHAO X, WU P, GAO X, et al, 2015. Soil quality indicators in relation to land use and topography in a small catchment on the Loess Plateau of China[J]. Land Degradation and Development, 26(1): 54-61.

ZHENG F L, HE X B, GAO X T, et al, 2005. Effects of erosion patterns on nutrient loss following deforestation on the Loess Plateau of China[J]. Agriculture, Ecosystems and Environment, 108(1): 85-97.

ZHOU Z C, SHANGGUAN Z P, 2005. Soil anti-scouribility enhanced by plant roots [J]. Journal of Integrative Plant Biology, 47(6): 676-682.

ZHU J C, GANTZER C J, ANDERSON S H, et al, 2001. Comparison of concentrated-flow detachment equations for low shear stress[J]. Soil and Tillage Research, 61(3-4): 203-212.

ZINGG A W, 1940. Degree and length of land slope as it affects soil loss in run-off[J]. Agricultural Engineering, 21(2): 59-64.